博碩文化

全方位快速搞定 圖表函數 × 樞紐分析 × 收支預算應用

活**學**活**用**

Excel 2013

勁樺科技◎著

◆ 辦公室
◆ 在職訓
◆ 運動會
◆ 福利社收入成長圖
◆ 員工出缺勤時數報告
◆ 年度人員考績評核
◆ 公司內部問卷調查
◆ 應收應付票據管理
◆ 投資理財資訊分析
◆ 互動式Excel網頁

U0086808

超值光碟

◐ 書中精彩完整範例檔及相關素材
◐ 精選9000張實用美工圖庫

活學活用 Excel 2013
全方位快速搞定圖表函數X樞紐分析X收支預算應用

作　　者：勁樺科技
責任編輯：Cathy
設計總監：蕭羊希
行銷企劃：黃譯儀

總 編 輯：古成泉
總 經 理：蔡金崑
顧　　問：鐘英明
發 行 人：葉佳瑛

出　　版：博碩文化股份有限公司
地　　址：221 新北市汐止區新台五路一段 112 號 10 樓 A 棟
　　　　　電話 (02) 2696-2869　傳真 (02) 2696-2867

郵撥帳號：17484299　戶名：博碩文化股份有限公司
博碩網站：http://www.drmaster.com.tw
讀者服務信箱：DrService@drmaster.com.tw
讀者服務專線：(02) 2696-2869 分機 216、238
(周一至周五 09:30 ～ 12:00；13:30 ～ 17:00)

版　　次：2013 年 11 月初版一刷

建議零售價：新台幣 380 元
I S B N：978-986-201-837-8
律師顧問：劉陽明

本書如有破損或裝訂錯誤，請寄回本公司更換

國家圖書館出版品預行編目資料

活學活用 Excel 2013：全方位快速搞定圖表函
數 X 樞紐分析 X 收支預算應用 / 勁樺科技編著.
-- 初版 . -- 新北市：博碩文化，2013.11
　面；　公分

ISBN 978-986-201-837-8(平裝附光碟片)

1.EXCEL 2013(電腦程式)

312.49E9　　　　　　　　　　　102023392

Printed in Taiwan

博 碩 粉 絲 團　歡迎團體訂購，另有優惠，請洽服務專線
　　　　　　　　(02) 2696-2869 分機 216、238

序 言
PREFACE

所謂的「試算表」(Spreadsheet)，是一種表格化的計算軟體，它能夠以行和列的格式儲存大量資料，並藉著輸入到表格中的資料，幫助使用者進行繁雜的資料計算和統計分析，以製作各種複雜的電子試算表文件。

Excel 是市面上最常用的商業試算表軟體，透過它可以進行資料整合、統計分析、排序篩選以及圖表建立等功能。不論在商業應用上得到專業的肯定，甚至在日常生活、學校課業也處處可見。

本書依功能導向結合範例實作的方式，幫助各位快速變身 Excel 2013 試算表操作的達人，並由範例中累積實作的經驗。詳盡的步驟圖文解說，內容由淺入深、循序漸進，兼顧學習與實用成效。精彩範例如下：

辦公室人員輪值表、在職訓練成績計算、運動會成績分析表、福利社分社收入成長圖表、員工每月出勤時數報告、季節與年度人員考績評核、企業內部意見問卷調查、應收應付票據總管理、財務預算管理、投資理財私房方案、發佈 Excel 網頁、資料庫管理應用。

本書中也加入了豐富圖片及操作圖示步驟，不僅豐富讀者閱讀視覺，透過這些圖示步驟，更容易理解書中傳達的操作流程。本書可以作為試算表處理、辦公室電子資料處理及 Excel 應用相關課程的入門教材，並幫助讀者快速建立試算表處理領域重要的基礎知識。本書雖然力求校正精確，但恐有疏忽之處，如有不完備之處，煩請各位先進不吝指正。

勁樺科技 敬筆

目 錄
CONTENTS

1
建立辦公室人員輪值表

2

在職訓練成績計算

3

運動會成績分析表

4 福利社分社收入成長圖表

5 員工每月出勤時數報告

6

季節與年度人員考績評核

7

企業內部意見問卷調查

8

應收應付票據總管理

9

財務預算管理

10

投資理財私房方案

11

互動式網頁設計

12

資料庫管理應用

01 建立辦公室人員輪值表

學 習 重 點

- 如何輸入資料儲存格
- 調整欄寬與欄高
- 自動完成輸入
- 清單輸入

- 儲存格格式設定
- 檔案搜尋檔案儲存與開啓

　　舉凡學校、公家機關或是一般企業,甚至家庭都需要不同形式的輪值表。而不管是哪一種輪值表,使用表格是最好的表現方式,雖然使用Microsoft Word也可以用來製作表格,但是只就輸入資料這方面,就不像Excel這麼方便。Excel的清單選項、填滿控點、自動完成等功能,都是 Word 無法達到的。因此使用Excel來製作輪值表實在是最方便不過的事!本章中,將以「環境維護輪值表」為例,為使用者一一說明 Excel 中的基本功能。

　　製作環境維護輪值表的過程中,將學會如何在工作表中輸入資料、利用填滿控點、自動完成功能及複製熱鍵的使用,讓使用者不費吹灰之力,輕鬆完成表格資料的輸入,並學習在工作表建立之後如何來美化儲存格、儲存檔案或開啓舊檔,以及列印輪值表等等,讓使用者在製作的過程中,自然而然的學習到Excel許多不同的技巧。

範 例 成 果

	A	B	C	D	E
1	環境維護輪值表				
2	日期	垃圾	窗戶	地板	廁所
3	2013/8/29	王樹正	林子杰	王樹正	李宗勳
4	2013/8/30	康益群	李宗勳	康益群	李宗勳
5	2013/8/31	林子杰	王樹正	林子杰	李宗勳
6	2013/9/1	李宗勳	康益群	李宗勳	李宗勳
7	2013/9/2	王樹正	李宗勳	王樹正	李宗勳

工作表1

1-1　建立輪值表

環境維護輪值表的工作內容，不外乎是「日期」、「人員」、「工作區域」等項目，只要設定好資料欄位位置後，直接在空白活頁簿中輸入文字資料並利用自動填滿、清單等功能，即可快速建立起一個輪值表。

1-1-1　在儲存格中輸入資料

首先請在Windows 8「開始」畫面執行「Excel 2013」指令，開啓一個空白活頁簿檔案，直接將滑鼠移到要放置文字資料的儲存格上方，按一下滑鼠左鍵，即可選取此儲存格成爲作用儲存格，並開始輸入資料。

▶ step 1

在A1儲存格上按一下滑鼠左鍵

顯示工作表現在處於「就緒」狀態

▶ step 2

在資料編輯列亦會出現「日期」二字

輸入「日期」二字並按下「Enter」鍵

顯示工作表現在處於「輸入」狀態

▶ step 3

在B1、C1、D1、E1儲存格中
依序輸入「垃圾」、「門窗」、
「地板」及「廁所」等字

現在已經學會如何輸入文字於儲存格中了,接下來就來看看如何修改儲存格中的資料。

1-1-2　修改儲存格中的文字

使用者在輸入資料時,如果發現輸入錯誤,只要使用鍵盤上的方向鍵,移動插入點到錯誤的字元後按下「Backspace」鍵,或是在錯誤字元前按下「Delete」鍵,就可刪除原有的文字了;若要增加字元,只要直接將插入點移至適當位置,再輸入文字即可。如果使用者在輸入資料後,也就是儲存格處於「就緒」狀態時,只要點選錯誤字元的儲存格,並將插入點移至錯誤字元或需要增加字元處,即可進行刪除或增加字元的動作。請開啟範例檔「輪值表-01.xlsx」。

▶ step 1

在C1儲存格中,快按滑鼠左鍵兩下

▶ step 2

將插入點移至「門」字之前,並按下
「Delete」鍵

▶ step 3

將插入點移至「窗」字之後

▶ step 4

② 按此「輸入」鈕確定儲存格資料

① 輸入「戶」字

▶ step 5

修改完成後儲存格處於「就緒」狀態了！

　　如果使用者想將儲存格中的資料全部刪除，只要在儲存格上按一下滑鼠左鍵，並按下「Delete」鍵，就可將儲存格中的資料全部刪除。

1-1-3　應用填滿控點功能

　　現在已經將工作表中的標題欄位設定完成，接下來就是輸入每個欄位的資料，雖然使用者可以慢慢的將文字資料 Key-in 到工作表中，但是 Excel 提供了一個更好更快的「填滿控點」功能，能夠省去資料輸入時間。接下來，將延續上述範例來說明。

▶ step 1

❶ 在A2儲存格中輸入
「2013/8/29」

❷ 將滑鼠移至此儲存格的右下角，
讓指標變為 ⊞ 圖示

▶ step 2

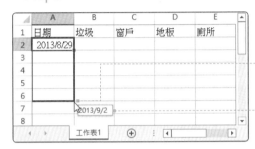

按住滑鼠左鍵往下拖曳至適當
位置後，放開滑鼠左鍵

在拖曳時，指標會出現該儲存格
的說明標籤

▶ step 3

自動填滿A3至A6儲存格資料了！

使用填滿控點後，
會在選取範圍的右下角
出現 ⊞ 自動填滿智慧
標籤，可按下此鈕來變
更格式。如右圖：

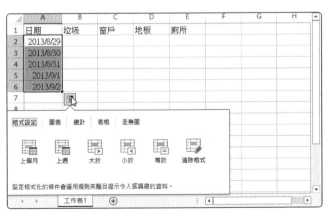

1-1-4　運用清單功能

　　輸入日期資料後，開始輸入每個區域的環境維護人員名字。由於每一個員工會負責不同的工作或是日期，所以可以利用「清單」功能來直接選取人員名稱即可。接下來將延續上述範例來說明，首先請在此範例中依序在 B2、B3、B4及 B5 中，輸入四個不同的環境維護人員名稱。

▶ step 1

❷ 按滑鼠右鍵，執行此指令

❶ 點選B6儲存格

▶ step 2

看！出現可選擇的清單，請選擇人員名字

▶ step 3

所選取資料已經出現於儲存格中！

請注意！清單只會顯示同一個欄位曾經輸入的資料，供使用者選取，至於同一列曾輸入資料則不會顯示在清單中。

1-1-5 使用自動完成功能

除了使用清單來選取人員名字外，Excel還提供了自動完成功能，讓使用者簡化輸入動作。接下來，將延續上述範例來說明。

▶ step 1

在C6儲存格上，快按滑鼠左鍵兩下，並輸入「李」字

▶ step 2

立即填入曾經輸入資料的剩餘字元！

按下「Enter」鍵可將提示的文字資料存入儲存格中。若不是使用者想要的文字資料，只要繼續輸入即可。

1-1-6 複製儲存格

雖然自動完成功能會自動幫使用者輸入剩餘的字元，但是如果有名字類似的人，就比較麻煩了！這時使用者就可運用複製儲存格的功能，直接複製到另一個儲存格，而不需輸入任何字。接下來，將延續上述範例來說明。

▶ step 1

在B2儲存格上按住滑鼠左鍵並拖曳至
B6儲存格，然後按下「Ctrl」+「C」
鍵來複製選取資料

▶ step 2

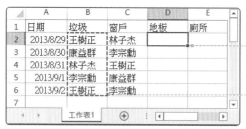

❷ 在D2儲存格按一下滑鼠左鍵，
並按下「Ctrl」+「V」鍵來貼
上複製的資料

❶ 瞧！B2至B6儲存格出現虛線框

　　除了使用快速鍵外，亦可在選取資料後，點選「常用」標籤中的「複製」
鈕來複製選取資料，再點選放置的儲存格後按下「常用」標籤中的「貼上」鈕
來將複製的資料貼入儲存格中。

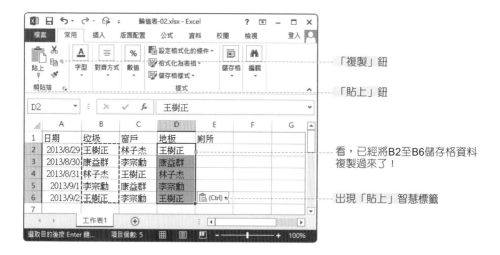

「複製」鈕

「貼上」鈕

看，已經將B2至B6儲存格資料
複製過來了！

出現「貼上」智慧標籤

貼上儲存格資料後，可在貼上的儲存格右下方，看到「貼上標籤」 🗐(Ctrl)▾
選項，可按下此智慧標籤，選擇貼上資料的方式。如下圖：

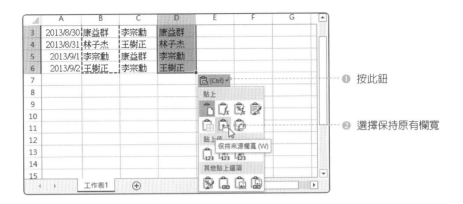

❶ 按此鈕

❷ 選擇保持原有欄寬

如果原來的儲存格欄寬比要貼上的儲存格欄寬大時，就可選擇「保持來源
欄寬」，使貼上的欄寬加大，避免儲存格不能顯示完整資料。

1-2 輪值表格式化

輸入完工作表的資料內容後，如果覺得輪值表過於單調，不妨幫輪值表加
上一些變化及色彩！Excel 提供了儲存格格式化的功能，不論使用者想要對儲存
格進行字型、顏色、字體大小或背景變化，都可以在「儲存格格式」對話視窗
中進行設定。

1-2-1 加入輪值表標題

輪值表內容已經輸入完成了，接下來當然要幫輪值表加上一個標題，才不
會使輪值表看起來過於單薄。請開啓範例檔「輪值表-02.xlsx」。

▶ step 1

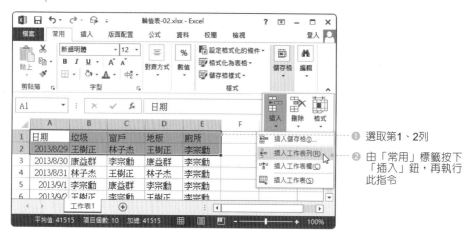

❶ 選取第1、2列

❷ 由「常用」標籤按下
　「插入」鈕，再執行
　此指令

▶ step 2

❷ 在A1儲存格輸入「環境
　維護輪值表」

❶ 瞧！插入兩列了！

▶ step 3

❷ 執行此指令，開啟「儲存
　格格式」對話視窗

❶ 選取A1至E1儲存格並按下
　滑鼠右鍵

▶ step 4

❶ 切換至「對齊方式」標籤

❷ 按此下拉鈕並選擇「置中對齊」

❸ 勾選此「合併儲存格」項

❹ 按此鈕確定

▶ step 5

輪值表標題設定好了！

在使用「插入」指令時，若選取的並非一整欄或一整列，則會出現插入對話視窗，如右圖：

1-2-2　變化標題字型與背景顏色

　　雖然已經幫輪值表加上標題，但整個標題看起來還是不夠亮眼，讓我們再來變換一下輪值表標題的字型與背景顏色吧！請延續上述範例來做說明。

▶ step 1

❷ 執行此指令

❶ 選取A1儲存格並按下滑鼠右鍵

▶ step 2

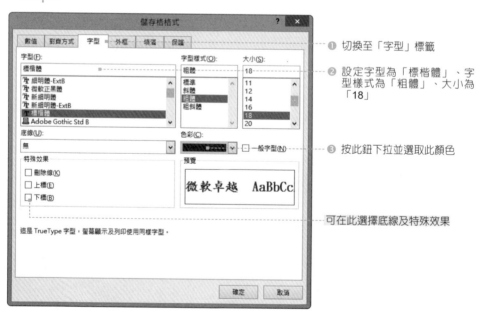

❶ 切換至「字型」標籤

❷ 設定字型為「標楷體」、字型樣式為「粗體」、大小為「18」

❸ 按此鈕下拉並選取此顏色

可在此選擇底線及特殊效果

▶ step 3

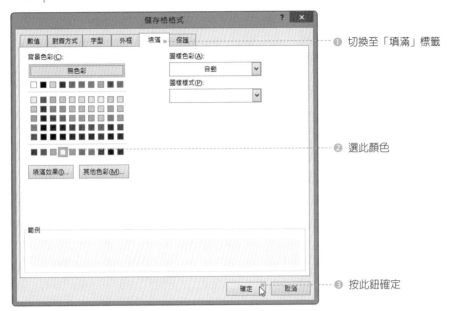

❶ 切換至「填滿」標籤

❷ 選此顏色

❸ 按此鈕確定

▶ step 4

看，整個標題看起來都不一樣了！

　　讀者可以試著將輪值表變換字型大小、顏色及對齊方式，讓輪值表看起來更加美觀。

1-3 調整輪值表欄寬與列高

1-3-1 調整適當欄寬與列高

想要將儲存格調整成適當的欄寬與列高，只要直接將滑鼠指標移至欄位名稱或列位名稱間，等到指標變為 田 狀或 田 後，即可拖曳欄寬或列高。請開啟範例檔「輪值表-03.xlsx」。

▶ step 1

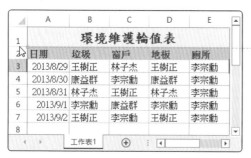

將滑鼠指標移至第1列與第2列間，讓指標變為 田 狀

▶ step 2

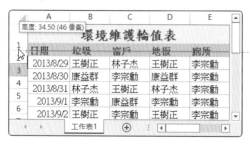

拖曳同時會顯示拖曳的高度及像素，按住滑鼠左鍵，往下拖曳至適當位置

▶ step 3

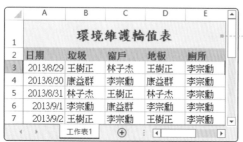

經過調整後工作表看起來更舒服了！

欄位的調整也是相同，等到滑鼠指標呈現 田 狀，就可以滑鼠來拖曳欄位寬度了。

1-3-2 指定欄寬與列高

使用滑鼠來拖曳欄寬及列高雖然方便，但是如果要讓每一欄或列調整成一樣的寬度或高度，就有其困難度。這時就可使用指定方式來調整選取欄位或列位的寬度與高度。請延續上述範例來做說明。

▶ step 1

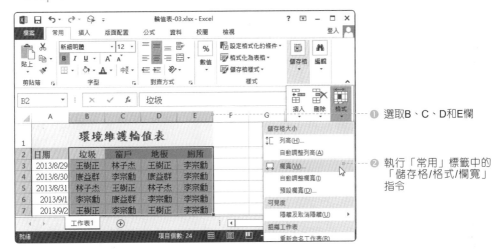

❶ 選取B、C、D和E欄

❷ 執行「常用」標籤中的「儲存格/格式/欄寬」指令

▶ step 2

❶ 輸入數值「10」

❷ 按此鈕確定

▶ step 3

❷ B、C、D及E欄位變寬了！

❶ 在任一儲存格按一下滑鼠左鍵

　　至於列位的高度也是一樣，只要先選取好列，再由「常用」標籤執行「格式／列高」指令，並在列高對話視窗輸入適當數值即可。

1-4　儲存檔案與開啟檔案

　　建立好環境維護輪值表後，當然要儲存起來，讓下次要製作相同的表格時，只要開啟此檔案並加以修改即可。

1-4-1　第一次儲存檔案

　　如果是已經儲存過的檔案，只要按下快速存取工具列上的「儲存檔案」🖫鈕，或者是點選「檔案」標籤後，執行「儲存檔案」指令即可儲存。如果此檔案為第一次存檔，Excel就會顯示如下的視窗，按下「瀏覽」鈕，會開啟「另存新檔」對話視窗，讓使用者選擇儲存檔案的位置，如下圖：

▶ step 1

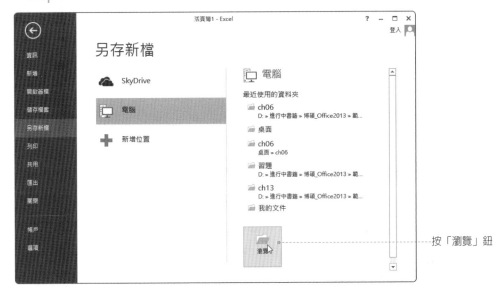

按「瀏覽」鈕

▶ step 2

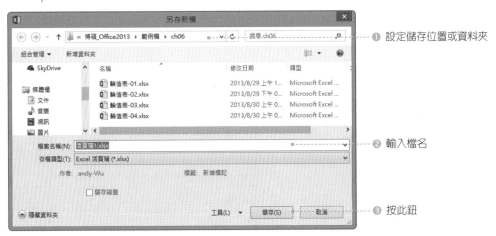

❶ 設定儲存位置或資料夾

❷ 輸入檔名

❸ 按此鈕

1-4-2 另存新檔

　　如果每個月份的環境維護輪值表都必須保留下來，只要將修改過的檔案儲存成另一個檔案即可。首先點選「檔案」標籤後，執行「另存新檔」指令，就會開啓「另存新檔」對話視窗，只要選好存放檔案的資料夾，輸入檔名並按下「儲存」鈕就可以了！

1-4-3　開啟舊檔

　　當需要製作下一月份的環境維護輪值表時，只要點選「檔案」標籤後，執行「開啟舊檔」指令，可快速選取最近使用過的活頁簿。

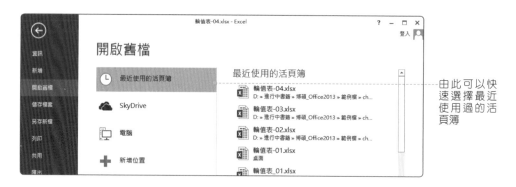

由此可以快速選擇最近使用過的活頁簿

　　或是按下「電腦」鈕，再按下「瀏覽」鈕使開啟「開啟舊檔」對話視窗，然後依照存放位置來開啟資料夾及檔案。

▶ step 1

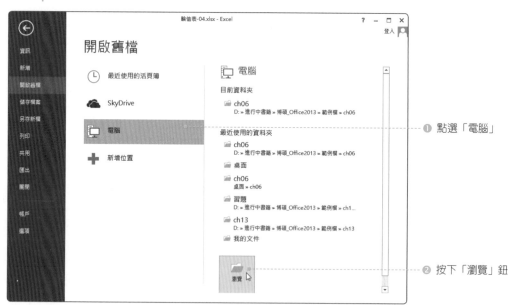

❶ 點選「電腦」

❷ 按下「瀏覽」鈕

▶ step 2

❶ 選擇檔案存放的位置

❷ 點選檔案

❸ 按此鈕開啓舊檔

▶ step 3

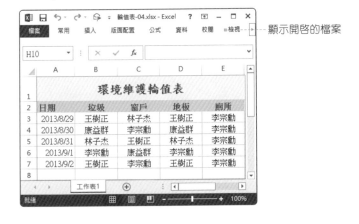

顯示開啓的檔案

1-5 列印環境維護輪值表

　　建立好檔案之後，最主要的就是把檔案給列印出來，首先確定印表機是否開啓且與電腦連結。Excel 2013延續Excel 2010將列印的功能隱藏在「檔案」標籤中，並把列印功能的對話方塊直接顯示在列印功能頁面中，使用起來更加方便。

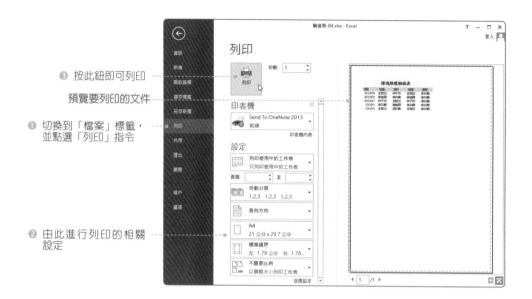

❸ 按此鈕即可列印

預覽要列印的文件

❶ 切換到「檔案」標籤，
並點選「列印」指令

❷ 由此進行列印的相關
設定

本章課後評量 »

一、是非題

1. (　) 當填滿控點呈現 ⊞ 時，可拖曳複製儲存格。

2. (　) 清單可顯示同一列曾輸入的資料。

3. (　) 複製選取資料的快速鍵為Ctrl+V。

4. (　) 當滑鼠游標變為 ⊞ 時，即可調整列高。

5. (　) 按下 ⊟ 鈕即可進行存檔的動作。

二、選擇題

1. (　) 第一次於儲存格上輸入資料時，狀態列上會顯示下列何者？

(A)編輯 　　　　　　　　(B)就緒

(C)修改 　　　　　　　　(D)輸入

2. (　) 於儲存格上輸入資料後按Enter鍵，其用義與何按鈕相同？

(A) ▣ 　　　　　　　　(B) ☑

(C) ☒ 　　　　　　　　(D) ⊞

3. (　) Excel會在作業背景裡不斷的檢查同一欄中內容並自動顯示相符的部分，此功能稱為：

(A)自動完成 　　　　　　(B)清單輸入

(C)資料驗證 　　　　　　(D)自動填滿

4. (　) 清單輸入功能乃是蒐集何處的資料來顯示於清單中？

(A)同欄位中的上下儲存格 　(B)同列中的左右儲存格

(C)不同欄位中的上下儲存格 　(D)不同列中的左右儲存格

5. (　) 拖曳作用儲存格何處可快速複製資料內容？

(A)整個儲存格 　　　　　(B)外框線

(C)填滿控點 　　　　　　(D)儲存格內容

三、實作題

1. 請建立一個如下的家具展覽輪值表：

   提示：

   - 首先建立標題「家具展覽輪值表」，此標題需要將A1至E1儲存格合併，再將此標題「置中」於儲存格中。

   - 建立五個欄位，分別為「日期」、「展覽主持人」、「銷售人員」、「會計」及「送貨人員」，並將這些欄位的文字置中。

   - 利用填滿控點方式將日期複製完畢。

   - 在B7儲存格中，使用「清單」功能，填入「王華正」名字。

   - 在C7儲存格中，使用「自動完成」功能，填入「蔡昌異」名字。

   - 在D3儲存格輸入「蕭雅琴」，在E3儲存格中輸入「黃伯正」，最後以複製儲存格的方式將D欄及E欄的儲存格填寫完畢。

   - 最後幫標題、文字及儲存格變換顏色。

2. 請開啟範例檔「輪值表-05.xlsx」，將其欄寬及列高調整至適當位置，並將所有儲存格格式變換成「置中對齊」模式，如下圖：

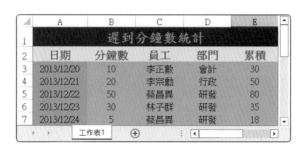

NOTE

02 | 在職訓練成績計算

- 運用數列填滿輸入員工編號
- 自動加總
- 計算平均值
- 複製公式
- 使用RANK.EQ()函數與數列填滿來排名次
- 運用VLOOKUP()函數搜尋個人成績
- 以COUNTIF()函數計算合格與不合格人數

　　有些企業會定期舉行在職訓練，在訓練過程中通常會有測驗，藉此瞭解職員受訓的各種表現，因此不妨製作一個在職訓練成績計算表，來統計每個受訓員工的成績，藉以獎勵或懲罰職員。

　　製作在職訓練成績計算表過程中，將講解如何計算各項成績平均及總分計算，如何顯示出合格人數、名次排名，及查詢個人成績資料，讓管理者充分利用在職訓練成績計算表來做獎勵或處分的依據。

範 例 成 果

	A	B	C	D	E	F	G	H	I	J
1	員工編號	員工姓名	電腦應用	英文對話	銷售策略	業務推廣	經營理念	總分	總平均	名次
2	910001	王楨珍	98	95	86	80	88	447	89.4	2
3	910002	郭佳琳	80	90	82	83	82	417	83.4	8
4	910003	葉千瑜	86	91	86	80	93	436	87.2	4
5	910004	郭佳華	89	93	89	87	96	454	90.8	1
6	910005	彭天慈	90	78	90	78	90	426	85.2	6
7	910006	曾雅琪	87	83	88	77	80	415	83	9
8	910007	王貞琇	80	70	90	93	96	429	85.8	5
9	910008	陳光輝	90	78	92	85	95	440	88	3
10	910009	林子杰	78	80	95	80	92	425	85	7
11	910010	李宗勳	60	58	83	40	70	311	62.2	12
12	910011	蔡昌洲	77	88	81	76	89	411	82.2	10
13	910012	何福謙	72	89	84	90	67	402	80.4	11

員工成績計算表　員工成績查詢　⊕

	A	B	C	D	E
1	請輸入員工編號：		910001		
2					
3	查詢結果如下：				
4	員工姓名	王楨珍		總分	447
5	電腦應用		98	平均	89.4
6	英文對話		95	名次	2
7	銷售策略		86		
8	業務推廣		80		
9	經營理念		88		
10					
11	合格人數		12		
12	不合格人數		0		

員工成績計算表　員工成績查詢　⊕

2-1 以填滿方式輸入員工編號

　　規模大的公司中，可能會有同名同姓的人，所以需要以獨一無二的員工編號來協助判定員工。除了以拖曳填滿控點的方式來輸入員工編號外，還可以使用其他的方法快速完成。請開啟範例檔「在職訓練-01.xlsx」。

▶ step 1

❶ 在A1儲存格中輸入「910001」

❸ 由「常用」標籤按下「填滿」鈕中的「數列」指令

❷ 選取A2至A13儲存格

▶ step 2

❶ 選擇「欄」、「等差級數」

❷ 設定間距為「1」，終止值為「910012」

❸ 按此鈕確定

▶ step 3

	A	B	C	D	E	F	G
1	員工編號	員工姓名	電腦應用	英文對話	銷售策略	業務推廣	經營理念
2	910001	王楨珍	98	95	86	80	88
3	910002	郭佳琳	80	90	82	83	82
4	910003	葉千瑜	86	91	86	80	93
5	910004	郭佳華	89	93	89	87	96
6	910005	彭天慈	90	78	90	78	90
7	910006	曾雅琪	87	83	88	77	80
8	910007	王貞琇	80	70	90	93	96
9	910008	陳光輝	90	78	92	85	95
10	910009	林子杰	78	80	95	80	92
11	910010	李宗勳	60	58	83	40	70
12	910011	蔡昌洲	77	88	81	76	89
13	910012	何福謀	72	89	84	90	67
14							

工作表1

已經依照間距設定，自動
填滿員工編號了！

在「數列」對話視窗中，還可設定資料選取自「列」或是「欄」、類型、日
期單位、間距值與終止值等功能。如下圖：

數列資料取自

可在此選擇資料是選取自「欄」或「列」，依照選取的欄或列來決定資料的
來源。

類型

在此有四種類型，分別為「等差級數」、「等比級數」、「日期」及「自動填
滿」四種類型。

名稱	說明
等差級數	以等差級數方式來增加數值或減少數值。
等比級數	以等比級數方式來增加數值或減少數值。
日期	若勾選此項，則需「日期單位」選項作進一步選擇。
自動填滿	由Excel自動填滿選取的儲存格。

日期單位

在此有四種日期單位選項，分別為「日」、「工作日」、「月」及「年」。Excel會依照選取的日期單位來增加或減少日期數值。例如在此選取「月」，Excel就會依照比例增加或減少月份的數值。

預測趨勢

若勾選此項，Excel會自動填入預測儲存格的數值。

間距值

在此填入使用者想要的間距值，此間距值需為數值，可為正數或負數。若填入正數，則會依照比例來增加儲存格數值；若為負數，則會依照比例來減少儲存格數值。

終止值

可設定終止值，不論選取範圍多大，填入的數值會到此終止值為止。

只要在此設定好數列方式，以後只要直接在填滿控點智慧標籤中選擇「以數列方式填滿」，就會依照此數列方式來進行填滿動作。

2-2　計算總成績

輸入員工編號後，緊接著就是計算員工各項科目總成績，用來瞭解誰是綜合成績最佳的員工。首先說明計算總和的 SUM() 函數，然後再以實例講解。

2-2-1　SUM()函數說明

計算總成績前，首先來看看計算總和的 SUM 函數的語法。

SUM()函數

- **語法**：SUM(Number1:Number2)
- **說明**：函數中 Number1 及 Number2 代表來源資料的範圍。

  例如：SUM(A1:A10) 即表示從 A1 ＋ A2 ＋ A3…至＋ A10 為止。

2-2-2　計算員工總成績

在瞭解 SUM() 函數後，接下來將延續上述範例來繼續說明如何計算員工總成績。

▶ step 1

❷ 下拉選單並執行「加總」指令

❶ 選H2儲存格

▶ step 2

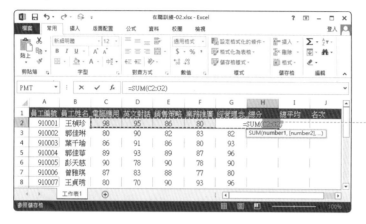

看！Excel自動偵測出計算
範圍。確定為正確計算範
圍後，按下「Enter」鍵

▶ step 3

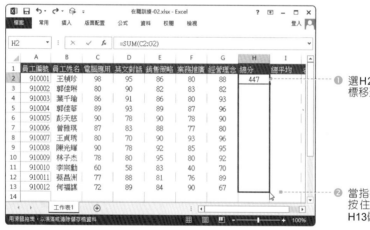

❶ 選H2儲存格，並將滑鼠指
標移至H2儲存格右下角

❷ 當指標變為十字的圖示時，
按住滑鼠左鍵往下拖曳至
H13儲存格

▶ step 4

在任一儲存格按一下滑鼠左鍵。
瞧！每位員工的總分已經計算出
來了！

2-3　員工成績平均分數

計算出員工的總成績之後，接下來就讓我們來看看如何計算成績的平均分數。在此小節中，將先說明計算平均成績的 AVERAGE() 函數，然後再以實例講解。

2-3-1　AVERAGE()函數說明

在計算平均成績前，首先讓我們來看看計算平均分數的 AVERAGE() 函數。以下為 AVERAGE() 函數說明。

AVERAGE()函數

■ **語法**：AVERAGE(Number1:Number2)

■ **說明**：函數中Number1及Number2引數代表來源資料的範圍，Excel會自動計算總共有幾個數值，在加總之後再除以計算出來的數值單位。

2-3-2　計算員工成績平均

使用AVERAGE()函數與使用SUM()函數的方法雷同，只要先選取好儲存格，再按下「自動加總」Σ 鈕並執行「平均值」指令即可。以下將延續上一節範例來說明。

▶ step 1

② 點選「自動加總」鈕旁的下拉鈕，並執行「平均值」指令

① 選取I2儲存格

▶ step 2

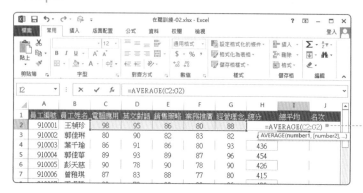

將AVERAGE函數中的資料
範圍(C2:H2)改為(C2:G2)，
並按下「Enter」鍵

▶ step 3

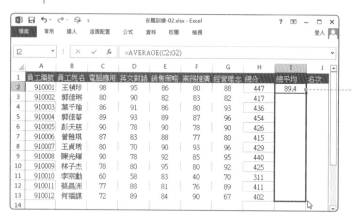

拖曳I2儲存格右下角的填滿控
點至I13儲存格

▶ step 4

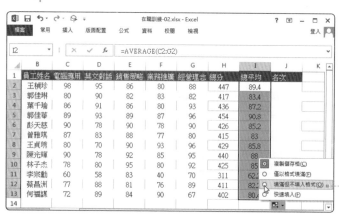

按填滿控點智慧標籤鈕，並
點選「填滿但不填入格式」
的選項

▶ step 5

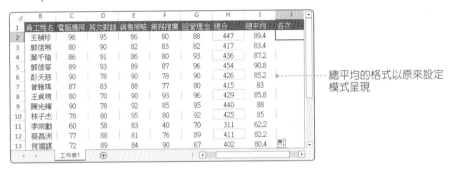

總平均的格式以原來設定
模式呈現

只要善用填滿控點智慧標籤，所拖曳的儲存格就可以不同的方式呈現。

2-4 排列員工名次

知道了總成績與平均分數之後，接下來將瞭解員工名次的排列順序。在排列員工成績的順序時，我們可以運用RANK.EQ()函數來進行成績名次的排序。

2-4-1 RANK.EQ()函數的說明

在排名次前，首先讓我們來看看排列順序的RANK.EQ()函數。

RANK.EQ()

■ **語法**：RANK.EQ(Number,Ref,Order)

■ **說明**：RANK.EQ()函數功能主要是用來計算某一數值在清單中的順序等級。

以下表格為RANK.EQ函數中的引數說明：

引數名稱	說明
Number	判斷順序的數值。
Ref	判斷順序的參照位址，若非數值則會被忽略。
Order	用來指定排序的方式。若輸入數值「0」或忽略，則以遞減方式排序；若輸入數值非「0」，則以遞增的方式來進行排序。

2-4-2　排列員工成績名次

知道RANK.EQ()函數的意義之後，緊接著就以實例來說明。

▶ step 1

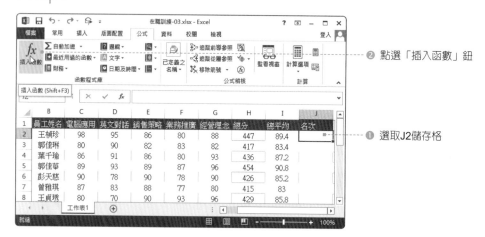

❷ 點選「插入函數」鈕

❶ 選取J2儲存格

▶ step 2

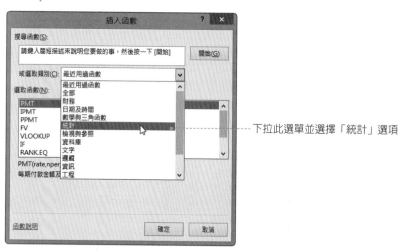

下拉此選單並選擇「統計」選項

▶ step 3

② 選此RANK.EQ()函數

① 下拉捲軸至此

③ 按此鈕確定

▶ step 4

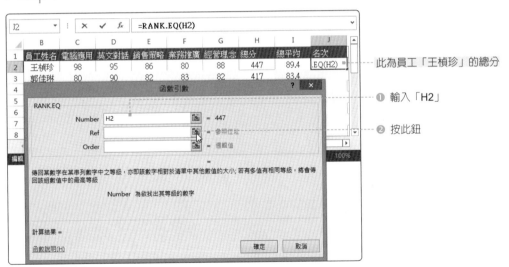

此為員工「王楨珍」的總分

① 輸入「H2」

② 按此鈕

▶ step 5

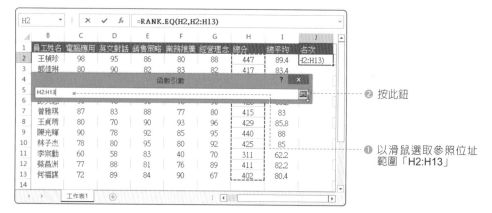

❷ 按此鈕

❶ 以滑鼠選取參照位址
　範圍「H2:H13」

▶ step 6

❶ 在此輸入數值「0」

❷ 按此鈕確定

▶ step 7

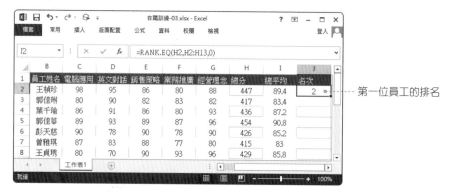

第一位員工的排名

▶ step 8

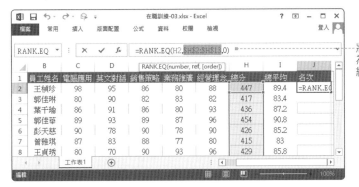

將公式中的「H2:H13」更改為「$H$2:$H$13」，使變成絕對參照位址

▶ step 9

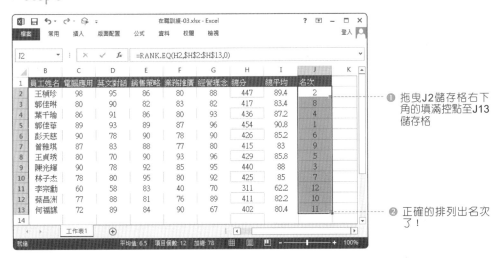

❶ 拖曳J2儲存格右下角的填滿控點至J13儲存格

❷ 正確的排列出名次了！

很簡單吧！不費吹灰之力就已經把在職訓練成績計算表的名次給排列出來了！

2-5 查詢各個員工成績

當建立好所有員工成績統計表後，為了方便查詢不同員工的成績，我們需要建立一個成績查詢表，讓使用者只要輸入員工編號後就可直接查詢到此員工的成績資料。

而在此查詢表中，需要運用到VLOOKUP()函數。因此在建立查詢表前，先來認識VLOOKUP()函數。

2-5-1 VLOOKUP()函數說明

VLOOKUP()函數是用來找出指定「資料範圍」的最左欄中符合「特定值」的資料，然後依據「索引值」傳回第幾個欄位的值。

VLOOKUP()函數

■ **語法**：VLOOKUP(Lookup_value,Table_array,Col_index_num,Range_lookup)

■ **說明**：以下表格為VLOOKUP()函數中的引數說明：

引數名稱	說明
Lookup_value	搜尋資料的條件依據。
Table_array	搜尋資料範圍。
Col_index_num	指定傳回範圍中符合條件的那一欄。
Range_lookup	此為邏輯值，若設為True或省略，則會找出部分符合的值；若設為False，則會找出全符合的值。

看完VLOOKUP()函數的說明後，可能還是覺得一頭霧水。別擔心，以下將以舉例的方式，讓您瞭解。

函數舉例：以下為各式車的價格

	A	B	C
1	001	賓士	200萬
2	002	BMW	190萬
3	003	馬自達	80萬
4	004	裕隆	60萬

如果我們所設定的VLOOKUP()函數為：

VLOOKUP(004,A1:C4,2,0)

在最左欄尋找"004"　　　代表搜尋範圍　　傳回第2欄資料　　表示需找到完全符合的條件

所以此VLOOKUP()函數會傳回「裕隆」二字。

2-5-2 建立員工成績查詢表

認識了VLOOKUP()函數，請開啟範例檔「在職訓練-03.xlsx」，將查詢表格製作完成。

▶ step 1

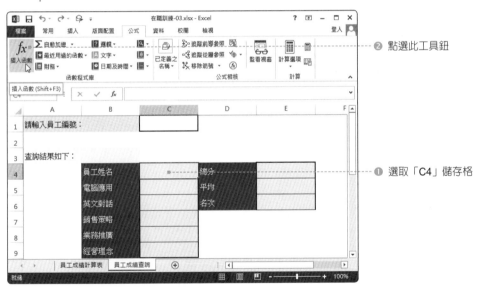

▶ step 2

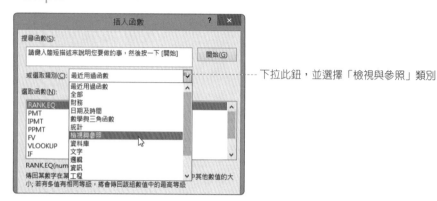

下拉此鈕，並選擇「檢視與參照」類別

▶ step 3

❶ 下拉捲軸至此

❷ 選此VLOOKUP()函數

❸ 按此鈕

▶ step 4

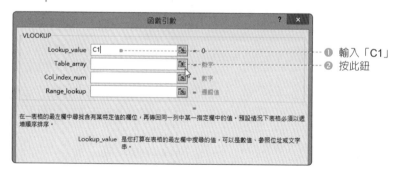

❶ 輸入「C1」

❷ 按此鈕

▶ step 5

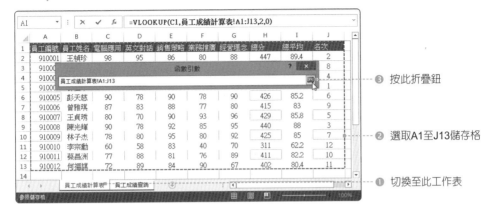

❸ 按此折疊鈕

❷ 選取A1至J13儲存格

❶ 切換至此工作表

▶ step 6

❶ 輸入「2」,此為員工姓名欄位名稱

❷ 輸入「0」,表示要找到完全符合的資料

❸ 按此鈕確定

▶ step 7

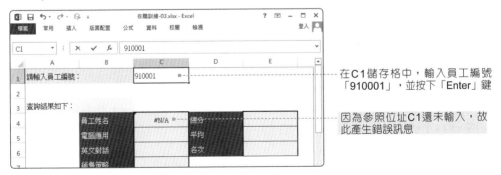

在C1儲存格中,輸入員工編號「910001」,並按下「Enter」鍵

因為參照位址C1還未輸入,故此產生錯誤訊息

▶ step 8

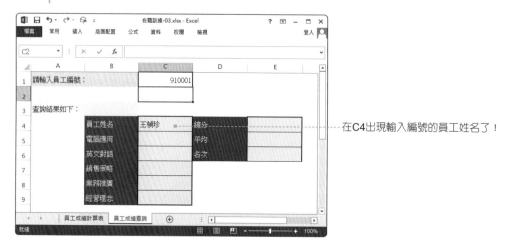

在C4出現輸入編號的員工姓名了！

接下來只要對照項目名稱，依序將VLOOKUP()函數中的「Col_index_num」引數值依照參照欄位位置改為3、4、5..等即可。例如電腦應用在第3欄，就改為VLOOKUP(C1,員工成績計算表!A1:J13,3,0)即可。

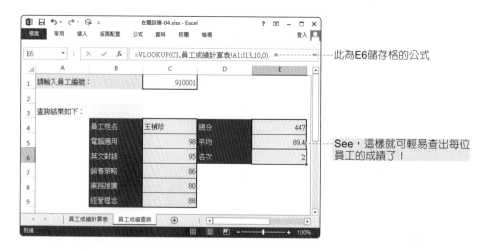

此為E6儲存格的公式

See，這樣就可輕易查出每位員工的成績了！

此範例完成結果，筆者儲存為範例檔「在職訓練-04.xlsx」，讀者可開啟並切換至「員工成績查詢」工作表參考核對。

2-6　計算合格與不合格人數

　　為了提供成績查詢更多的資料，接下來將在員工成績查詢工作表中加入合格與不合格的人數，讓查詢者瞭解與其他人的差距。在計算合格與不合格人數中，必須運用到COUNTIF()函數，所以首先將講解COUNTIF()函數的使用方法。

2-6-1　COUNTIF()函數說明

　　COUNTIF()函數功能主要是用來計算指定範圍內符合指定條件的儲存格數值。

COUNTIF()函數

■ **語法**：COUNTIF(range,criteria)

■ **說明**：以下表格為函數中的引數說明：

引數名稱	說明
Range	計算指定條件儲存格的範圍。
Criteria	此為比較條件，可為數值、文字或是儲存格。若直接點選儲存格則表示選取範圍中的資料必須與儲存格吻合；若為數值或文字則必須加上雙引號來區別。

2-6-2　顯示成績合格與不合格人數

　　瞭解COUNTIF()函數之後，接下來就以實例來說明。請開啟範例檔「在職訓練-04.xlsx」。

▶ step 1

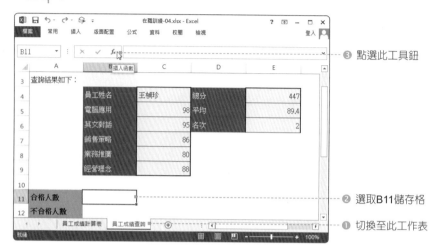

❸ 點選此工具鈕

❷ 選取B11儲存格

❶ 切換至此工作表

▶ step 2

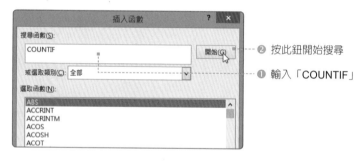

❷ 按此鈕開始搜尋

❶ 輸入「COUNTIF」

▶ step 3

❶ 搜尋到COUNTIF()函數

❷ 按此鈕

▶ step 4

------ 按此折疊鈕

▶ step 5

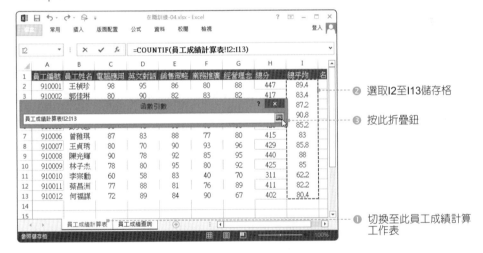

② 選取I2至I13儲存格

③ 按此折疊鈕

❶ 切換至此員工成績計算工作表

▶ step 6

❶ 在此輸入 「">=60"」

② 按此鈕

▶ step 7

————— 出現合格人數了！

至於不合格人數的作法與上述步驟雷同，只要在步驟6將引數Criteria欄位中的值改為「˜<60˝」，即可。其成果如下圖：

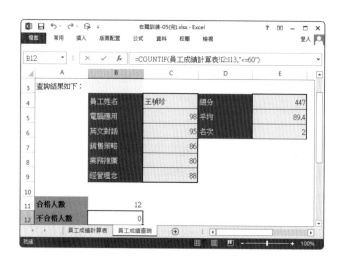

如果使用者想看設定結果可直接開啟範例檔「在職訓練-05(完).xlsx」來觀看。

本章課後評量

一、是非題

1. (　) RANK為統計類別的函數。

2. (　) HLOOKUP()函數是用來找出指定「資料範圍」的最左欄中符合「特定值」的資料，然後依據「索引值」傳回第幾個欄位的值。

3. (　) 由「插入」標籤選擇「填滿／數列」指令，可開啟數列對話框。

4. (　) SUM()函數可用來求出數值的差數。

5. (　) COUNTIF()函數功能主要是用來計算指定範圍內符合指定條件的儲存格數值。

二、選擇題

1. (　) 儲存格中公式或是函數都是以何種符號開始？

    (A)# (B)=

    (C)& (D)*

2. (　) 下何者非Excel所提供的函數類別？

    (A)股票 (B)統計

    (C)資訊 (D)財務

3. (　) 下列何者非數列對話框內的類型選項？

    (A)等差級數 (B)等比級數

    (C)數值 (D)日期

4. (　) COUNTIF為何種類別函數？

    (A)統計 (B)財務

    (C)數學與三角函數 (D)邏輯

5. (　) RANK()函數中的order引數若為「1」則表示？

    (A)由小到大 (B)由大到小

    (C)隨意排序 (D)以上皆非

6. (　) 函數格式中包含哪些部分？

    (A)函數名稱 (B)括號

    (C)引數 (D)以上皆是

7. (　) VLOOK函數中的「Col_index_num」引數為：

(A)搜尋資料的條件依據　　　　　(B)搜尋資料的範圍

(C)邏輯值　　　　　　　　　　　(D)指定傳回範圍中符合條件的那一欄

三、實作題

1. 請開啟範例檔「學生成績.xlsx」。並切換至「成績計算表」工作表，如下圖：

	A	B	C	D	E	F	G	H
1	學生姓名	座號	英文	數學	國文	總分	平均	名次
2	陳光輝	1	98	95	86			
3	林子杰		80	90	82			
4	李宗勳		86	91	86			
5	蔡昌洲		89	93	89			
6	何福謀		90	78	90			
7	王楨珍		87	83	88			
8	王貞琇		80	70	90			
9	郭佳琳		90	78	92			
10	葉千瑜		78	80	95			
11	郭佳華		60	58	83			
12	彭天慈		77	88	81			
13	曾雅琪		72	89	84			

成績計算表　成績查詢

完成檔案：學生成績OK.xlsx

	A	B	C	D	E	F	G	H
1	學生姓名	座號	英文	數學	國文	總分	平均	名次
2	陳光輝	1	98	95	86	279	93	1
3	林子杰	4	80	90	82	252	84	8
4	李宗勳	7	86	91	86	263	88	3
5	蔡昌洲	10	89	93	89	271	90	2
6	何福謀	13	90	78	90	258	86	5
7	王楨珍	16	87	83	88	258	86	5
8	王貞琇	19	80	70	90	240	80	11
9	郭佳琳	22	90	78	92	260	87	4
10	葉千瑜	25	78	80	95	253	84	7
11	郭佳華	28	60	58	83	201	67	12
12	彭天慈	31	77	88	81	246	82	9
13	曾雅琪	34	72	89	84	245	82	10

成績計算表　成績查詢

* 請以數列方式將此成績計算表中的座號填滿，其間距值為「3」，終止值為「34」。

* 請使用「SUM()函數」設定總分分數。

* 請使用「AVERAGE()函數」設定學生平均分數。

- 使用「RANK.EQ()函數」排列學生名次。

2. 承上題，切換至「成績查詢」工作表，如下圖：

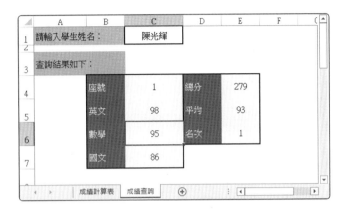

在此範例中，必須以輸入的學生姓名為查詢的目標，也就是說當使用者輸入學生的姓名之後，就會出現此學生的「座號」、「英文成績」、「數學成績」、「國文成績」、「總分」、「平均」及「名次」。

(提示：使用VLOOKUP()函數)

運動會成績分析表

 學 習 重 點

■ 建立樞紐分析圖的資料工作表

■ 建立樞紐分析圖

■ 修改樞紐分析圖的顯示方式

　　本章將介紹到樞紐分析圖，它可以將樞紐分析表的結果以圖表的方式來呈現，讓我們在進行資料分析時更加的有彈性。

範 例 成 果

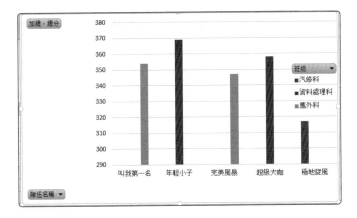

3-1　建立樞紐分析圖的資料工作表

任何的資料分析都需要有完整的資料內容，請各位開啟範例檔案中的「比賽成績樞紐分析圖.xlsx」，我們先將這個工作表內容設計完成後再利用其內容來設計樞紐分析圖。

建立計算公式

(1) 請在F2儲存格中輸入「=SUM(B2:E2)」。

	A	B	C	D	E	F	G	H
1	隊伍名稱	大隊接力	趣味競賽	拉拉隊表演	團隊精神	總分		
2	超級大咖	95	87	89	87	=SUM(B2:E2)		
3	極地旋風	87	80	80	70			
4	叫我第一名	90	89	88	87			
5	年輕小子	93	94	92	90			
6	完美風暴	92	88	85	82			

(2) 然後利用公式複製方式往下拖曳複製到F6儲存格。

設定儲存格的分數顯示格式

(1) 請先選取由B2到F6的儲存格範圍，並按下「數值」區塊旁的對話方塊啟動器，以啟動「儲存格格式」對話方塊的「數值」索引標籤。

(2) 接著請在「儲存格格式」對話方塊作如下的設定。

點取此標籤

輸入「0"分"」

選擇「自訂」

按此鍵確定

(3) 完成後的工作表格式設定，如下圖所示。

	A	B	C	D	E	F
1	隊伍名稱	大隊接力	趣味競賽	拉拉隊表演	團隊精神	總分
2	超級大咖	95分	87分	89分	87分	358分
3	極地旋風	87分	80分	80分	70分	317分
4	叫我第一名	90分	89分	88分	87分	354分
5	年輕小子	93分	94分	92分	90分	369分
6	完美風暴	92分	88分	85分	82分	347分

插入"班級"欄位

(1) 請先點取B1儲存格，執行功能表上的「常用/儲存格/插入/插入工作表欄」指令。

(2) 輸入「班級」內容，如下圖所示：

設定欄位寬度

(1) 請先選取由A1到G6的儲存格範圍。執行功能表上的「常用/儲存格/格式/自動調整欄寬」。

(2) 最後再設定儲存格的樣式，設定結果如下圖。

	A	B	C	D	E	F	G
1	隊伍名稱	班級	大隊接力	趣味競賽	拉拉隊表演	團隊精神	總分
2	超級大咖	資料處理科	95分	87分	89分	87分	358分
3	極地旋風	汽修科	87分	80分	80分	70分	317分
4	叫我第一名	應外科	90分	89分	88分	87分	354分
5	年輕小子	資料處理科	93分	94分	92分	90分	369分
6	完美風暴	應外科	92分	88分	85分	82分	347分

3-2 開始建立樞紐分析圖

建立「樞紐分析圖」的過程和建立「樞紐分析表」大同小異，小心一點就不會有問題了。

(1) 先選取工作表中A1到G6的儲存格範圍。執行功能表上的「插入/圖表/樞紐分析圖/樞紐分析圖」指令。

(2) 進入下圖視窗，請依下圖進行設定。

❶ 選擇以Excel的資料清單做為資料來源

❷ 選擇以新的工作表來放置樞紐分析表

❸ 按下「確定」鈕

將「隊伍名稱」方塊拖曳到如畫面上的位置

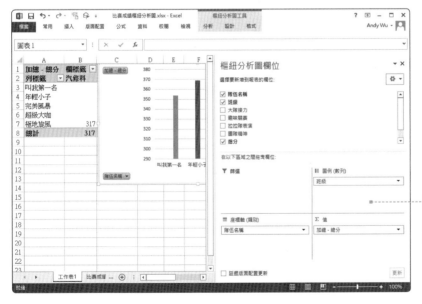

再將「班級」和「總分」二個方塊拖曳到畫面上的其它位置

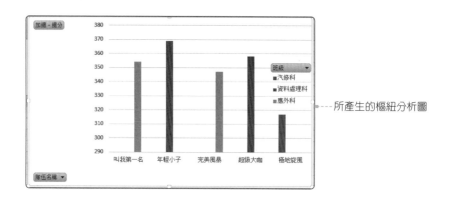

所產生的樞紐分析圖

3-3　修改樞紐分析圖的顯示方式

　　使用樞紐分析功能的好處是可以隨時設定資料內容顯示的方式，讓使用者可以更有彈性的分析資料。

3-3-1　設定只顯示特定班級的成績

　　比賽的隊伍來自汽修科、資料處理科、應外科三個班級，不過現我們只想看看「資料處理科」及「應外科」的比賽成績。

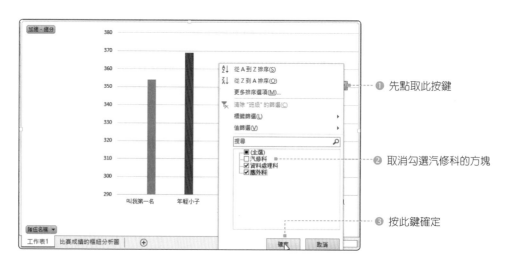

❶ 先點取此按鍵

❷ 取消勾選汽修科的方塊

❸ 按此鍵確定

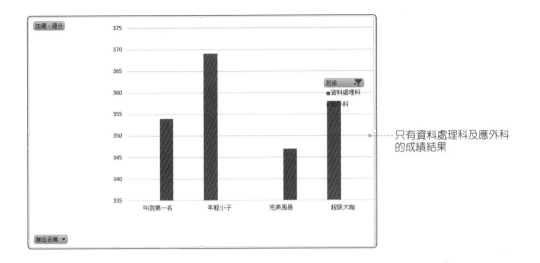

只有資料處理科及應外科
的成績結果

3-3-2 設定只顯示特定隊伍的成績

若現在我們只要看幾支特定隊伍的成績，那又該如何操作。

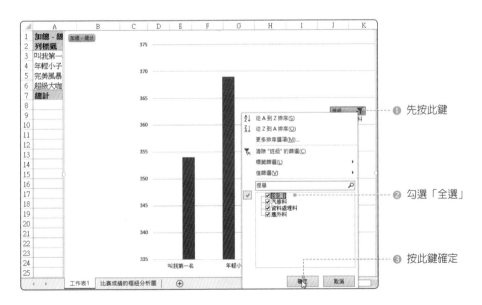

❶ 先按此鍵

❷ 勾選「全選」

❸ 按此鍵確定

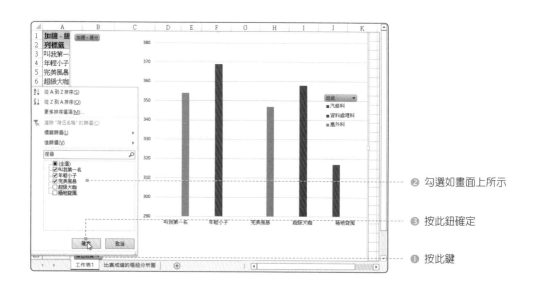

❷ 勾選如畫面上所示

❸ 按此鈕確定

❶ 按此鍵

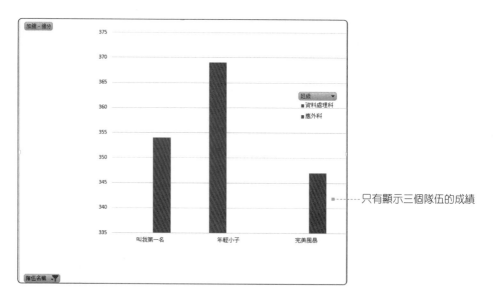

只有顯示三個隊伍的成績

一、是非題

1. (　) 樞紐分析表和樞紐分析圖有著各自不同的建立畫面。

2. (　) Excel的儲存格格式可以自訂格式內容。

3. (　) 樞紐分析圖可自由選擇顯示的欄位。

4. (　) 在建立樞紐分析圖時會同時建立樞紐分析表。

5. (　) 樞紐分析圖和樞紐分析表無法同時建立。

二、選擇題

1. (　) 建立完成的樞紐分析圖可以放置在

(A)目前工作表　　　　　　　　(B)新工作表

(C)以上皆可　　　　　　　　　(D)視順序而定

2. (　) 要讓儲存格上顯示「分」這個中文字時則要將儲存格設定為

(A)0'分'　　　　　　　　　　(B)0"分"

(C)0;分;　　　　　　　　　　(D)0分

3. (　) 當需要在工作表上新增一個欄位時可以執行

(A)「資料/儲存格/插入/插入工作表欄」

(B)「常用/儲存格/插入/插入工作表欄」

(C)「版面配置/儲存格/插入/插入工作表欄」

(D)「插入/儲存格/插入/插入工作表欄」

4. (　) 樞紐分析圖和統計圖表的圖表格式

(A)二者都可以再進行修改　　　(B)只有統計圖表可以

(C)只有樞紐分析圖可以　　　　(D)都不可以

5. (　) 修改樞紐分析表的顯示方式時則樞紐分析圖的內容

(A)會自動更新　　　　　　　　(B)不會自動更新

(C)視設定而定　　　　　　　　(D)視順序而定

6. ( ) 樞紐分析表是由幾種元件組合而成？

(A)4　　　　　　　　　　(B)5

(C)6　　　　　　　　　　(D)7

7. ( ) 樞紐分析表中預設的計算格式為何？

(A)最小值　　　　　　　(B)最大值

(C)加總　　　　　　　　(D)平均值

三、問答題

1. 試簡述樞紐分析圖的主要功能。

2. 請問使用樞紐分析功能的最大好處。

NOTE

04 福利社分社收入成長圖表

 學習重點

- 如何輸入資料儲存格
- 調整欄寬與欄高
- 自動完成輸入
- 清單輸入
- 儲存格格式設定

圖表總是有著比文字更容易讓人了解所要表達的事務以及更令人印象深刻的優勢。除了必須正確表達要敘述的資料外,圖表的外觀也不可馬虎,如此才會讓人一眼難忘。

Excel圖表功能可以把工作表上的數據資料,轉換製作成專業圖表,以便使用者比較差異,分析數據資料,可以把工作表上的數據資料輕易的製作成專業圖表,就是結合「數據資料」與「圖形比較」的共同表現方式。

Excel 2013

 範 例 成 果

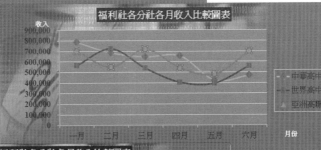

4-1 圖表快速建立

Excel提供了一項可快速建立圖表的功能，現在就來試試它的威力吧！請開啓本章範例檔「福利社分社收入成長圖表-1.xlsx」，假設現在要製作一張可比較各分店在1-6月份收入多寡的圖表。請依照下面步驟依序進行：

▶ step 1

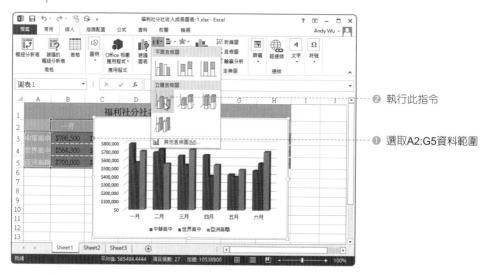

❷ 執行此指令

❶ 選取A2:G5資料範圍

▶ step 2

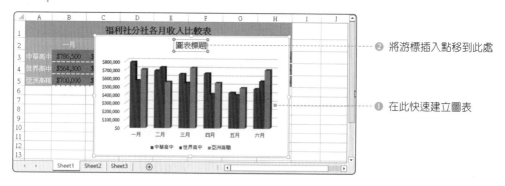

❷ 將游標插入點移到此處

❶ 在此快速建立圖表

▶ step 3

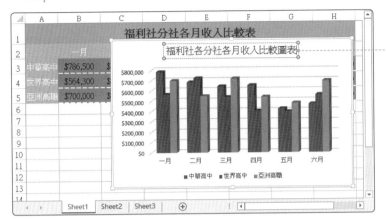

在此輸入圖表標題後
即完成

4-1-1 調整圖表大小與位置

使用圖表快速建立功能製作出來的圖表已具備完整的圖表資料與內容，圖表物件您可將它想像成是在工作表中插入了一張圖片，調整圖片大小與位置的方法相信您一定不陌生，筆者就簡單的示範一下其步驟。請開啟本章範例檔「福利社分社收入成長圖表-2.xlsx」：

▶ step 1

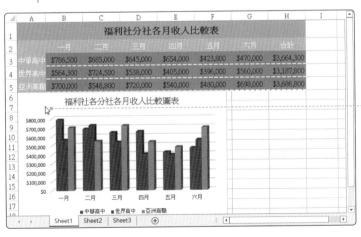

將滑鼠移到圖表內的容
白區域(即圖表區)，並按
住滑鼠左鍵，拖曳位置
如圖

▶ step 2

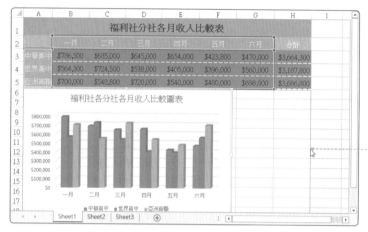

將滑鼠移到圖表的右下角
的黑色控點上，並向右方
拖曳如圖的大小

▶ step 3

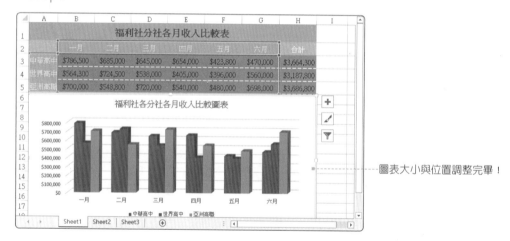

圖表大小與位置調整完畢！

4-1-2　圖表區域

　　圖表的內容分為若干個區域，您一開始可能對各個區域的界定會有些困惑，不知究竟圖表中的哪個區域是哪個名稱。但其實只要您將滑鼠移到該區域時，就會以小標籤標示區域的名稱，如果這樣還是弄不清楚的話，請切換到「圖表工具/格式/目前的選取範圍」功能表區塊中，圖表中被您點選的物件就會呈現被選取的圖表物件名稱：

▶ step 1

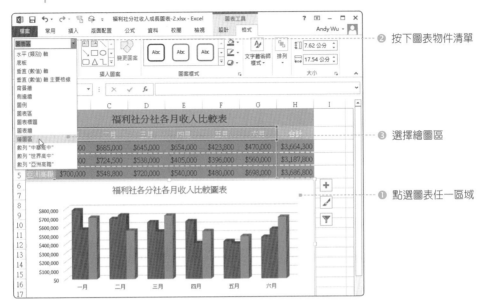

② 按下圖表物件清單

③ 選擇繪圖區

● 點選圖表任一區域

▶ step 2

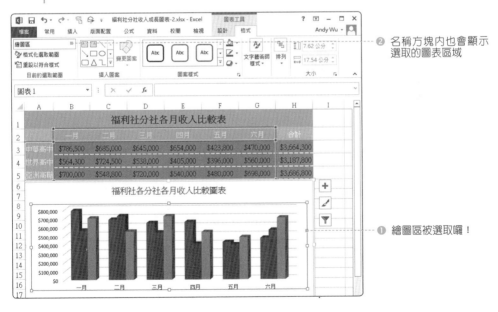

② 名稱方塊內也會顯示選取的圖表區域

● 繪圖區被選取囉!

4-1-3　格式化圖表區

請選取「圖表區」，並按下 [格式化選取範圍] 工具鈕，開啓「圖表區格式」對話框：

▶ step 1

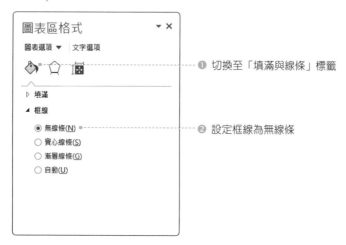

- ① 切換至「填滿與線條」標籤
- ② 設定框線為無線條

▶ step 2

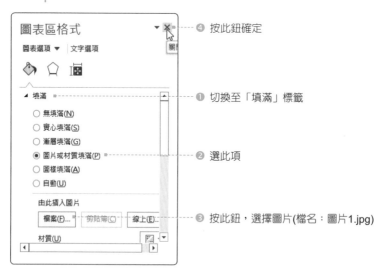

- ④ 按此鈕確定
- ① 切換至「填滿」標籤
- ② 選此項
- ③ 按此鈕，選擇圖片(檔名：圖片1.jpg)

回到「圖表區格式」對話框後,請再按下「確定」鈕,即可於圖表區填入所選圖片。

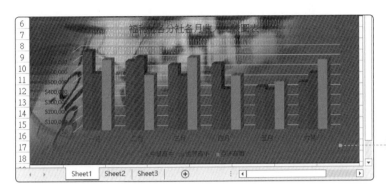

------ 圖表區填入所選圖片了

4-1-4 格式化繪圖區

請選取「繪圖區」,並按下 <u>格式化選取範圍</u> 「格式化選取範圍」工具鈕,開啟「繪圖區格式」對話框:

▶ **step 1**

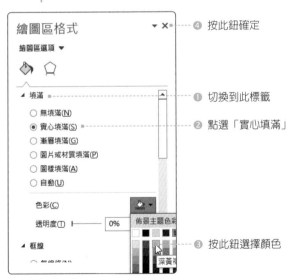

④ 按此鈕確定

❶ 切換到此標籤

❷ 點選「實心填滿」

❸ 按此鈕選擇顏色

▶ step 2

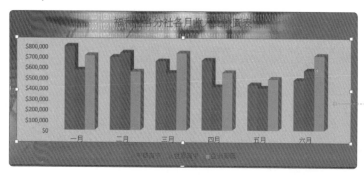

繪圖區呈現背景底色，
圖表數據更顯眼

4-1-5　格式化數列

請選取「數列"中華高中"」，並按下 格式化選取範圍 工具鈕，開啟「資料數列格式」對話框：

▶ step 1

④ 按此鈕

① 切換「填滿」標籤

② 點選此項

③ 選擇其他色彩或維持預設

▶ step 2

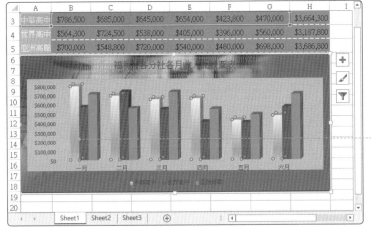

中華高中數列資料更改
完成

請依相同的方法，更改世界高中與亞洲高職數列資料如下圖示。

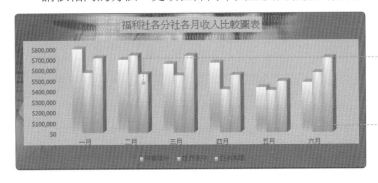

❷ 亞洲高職數列資料設
為無框線，色彩為漸
層填滿(上方聚光燈-
輔色3)

❶ 世界高中數列資料設
為無框線，色彩為漸
層填滿(上方聚光燈-
輔色6)

4-1-6 格式化圖表標題與座標軸標題

請選取「圖表標題」，並按下 格式化選取範圍 工具鈕，開啟「圖表標題格式」
對話框：

▶ step 1

④ 按此鈕確定

① 切換「填滿」標籤

② 選此項

③ 設定標題文字背景色彩為黑色不透明

▶ step 2

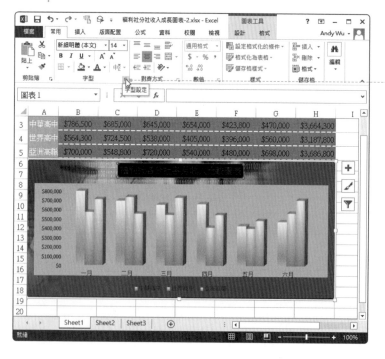

執行此指令設定標題字型

▶ step 3

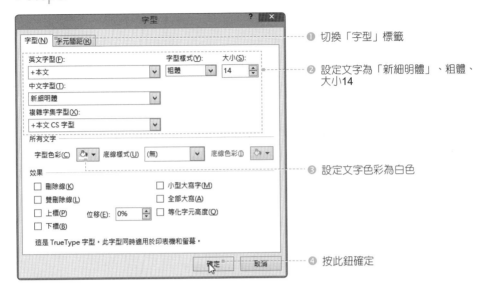

① 切換「字型」標籤

② 設定文字為「新細明體」、粗體、大小14

③ 設定文字色彩為白色

④ 按此鈕確定

▶ step 4

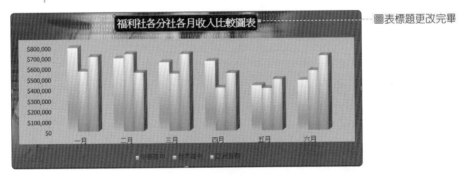

圖表標題更改完畢

接下來，我們要新增主水平軸標題與主垂直軸標題內容。

▶ step 1

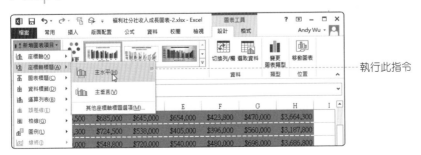

執行此指令

▶ step 2

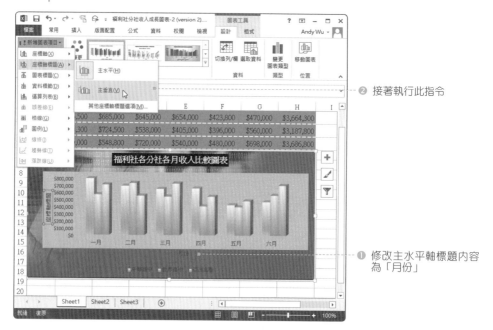

❷ 接著執行此指令

❶ 修改主水平軸標題內容為「月份」

▶ step 3

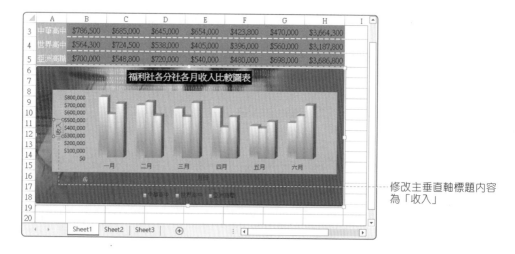

修改主垂直軸標題內容為「收入」

　　主水平軸與主垂直軸標題與圖表標題文字可設定的格式完全相同，因此不再詳細敘述，請讀者們依下列提示，完成主水平軸與主垂直軸標題的格式：

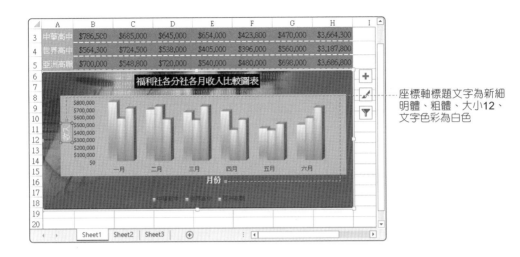

座標軸標題文字為新細明體、粗體、大小12、文字色彩為白色

4-1-7 格式化垂直與水平軸

請選取「水平(類別)軸」,並按下 格式化選取範圍 工具鈕,開啟「座標軸格式」對話框:

▶ step 1

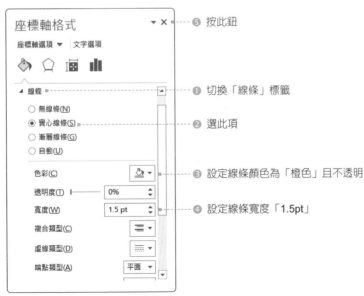

⑤ 按此鈕

❶ 切換「線條」標籤

❷ 選此項

❸ 設定線條顏色為「橙色」且不透明

❹ 設定線條寬度「1.5pt」

▶ step 2

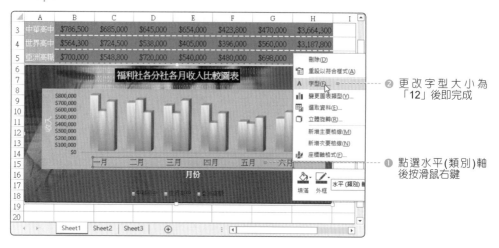

❷ 更改字型大小為
　「12」後即完成

❶ 點選水平(類別)軸
　後按滑鼠右鍵

接著請再點選「垂直(數值)軸」，請先設定與類別座標軸相同的圖樣，並設定「垂直(數值)軸」字型為新細明體、大小12、粗體、色彩為黑色，接著再按下 ⚙格式化選取範圍 工具鈕，並執行下列步驟：

▶ step 1

❶ 切換至此標籤

❷ 更改圖表刻度最大值與主要刻度間的間距

▶ step 2

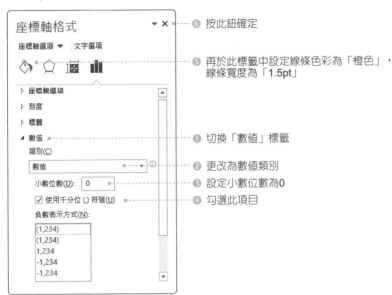

⑥ 按此鈕確定

⑤ 再於此標籤中設定線條色彩為「橙色」，
線條寬度為「1.5pt」

① 切換「數值」標籤

② 更改為數值類別

③ 設定小數位數為0

④ 勾選此項目

▶ step 3

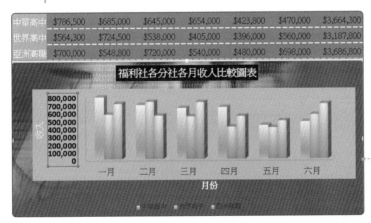

數值與類別座標軸格式
更改完畢

4-1-8　格式化座標軸格線

請選取「垂直(數值)軸主要格線」，並按下 [🖱️ 格式化選取範圍] 工具鈕，開啓「主要格線格式」對話框：

▶ step 1

④ 按此鈕確定

❶ 切換「線條」標籤

❷ 設定格線色彩為「實心黃色」

❸ 於此標籤中設定格線寬度為「0.75pt」

▶ step 2

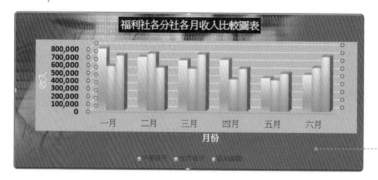

圖表格線設定完畢

4-1-9 格式化圖例

接下來請選取「圖例」,並按下 [格式化選取範圍] 工具鈕,開啟「圖例格式」對話框:

▶ step 1

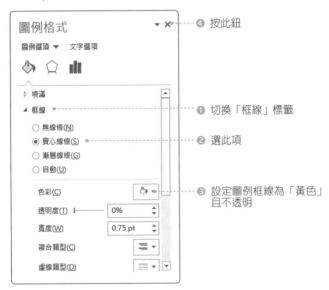

④ 按此鈕

① 切換「框線」標籤

② 選此項

③ 設定圖例框線為「黃色」且不透明

▶ step 2

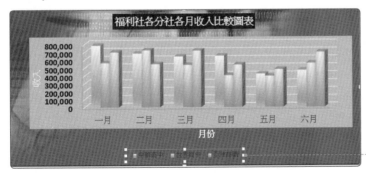

設定圖例字體大小為「12」,圖例格式設定完畢

完成圖表格式化的各項動作後，圖表內容略顯過度集中於圖表區的正中央，請您稍稍調整繪圖區的大小與高度。當繪圖區大小經過調整後，數值與類別座標軸以及其標題的文字都會跟著放大，請將其調整為較合適的大小(大小約為12)與位置。

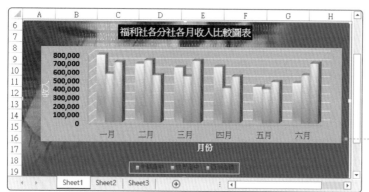

━━ 調整各圖表物件位置如圖

圖表格式化後的檔案，請將其儲存為「福利社分社收入成長圖表-3.xlsx」。其實除了直條圖外，其餘類型圖表的格式化內容也都大同小異，經過此節各項格式化的執行過程後，相信您即使要編輯其它類型圖表的格式也能得心應手！

4-2 圖表編輯技巧

製作完成的圖表，還有哪些可再重新編輯與修改的功能呢？本節就帶您一起來探討！

4-2-1 加入趨勢線

為資料數列加入趨勢線可更清楚數列資料的走向。請您開啟範例檔「福利社分社收入成長圖表-4.xlsx」：

▶ step 1

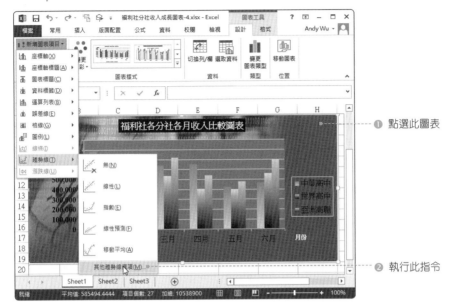

❶ 點選此圖表

❷ 執行此指令

▶ step 2

❶ 選擇中華高中做為根據的數列

❷ 按此鈕

▶ step 3

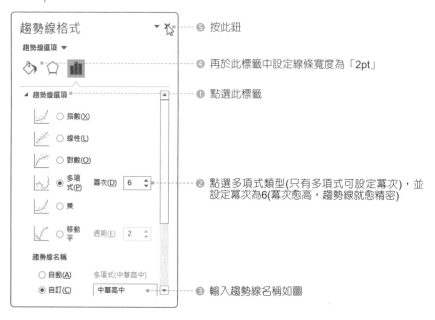

⑤ 按此鈕

④ 再於此標籤中設定線條寬度為「2pt」

① 點選此標籤

② 點選多項式類型(只有多項式可設定冪次)，並設定冪次為6(冪次愈高，趨勢線就愈精密)

③ 輸入趨勢線名稱如圖

▶ step 4

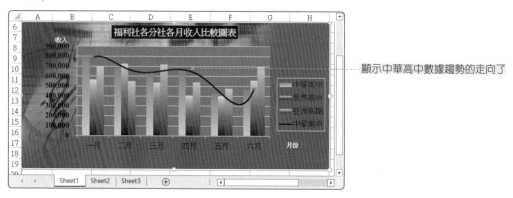

顯示中華高中數據趨勢的走向了

4-2-2　變更圖表類型

即使於製作圖表前就選擇了圖表的類型，在圖表完成後，還是可隨時再將它變更為其它類型的圖表：

▶ step 1

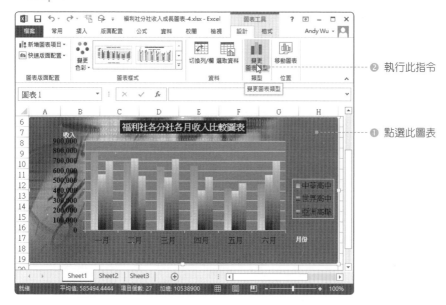

❷ 執行此指令

❶ 點選此圖表

▶ step 2

❶ 點選折線圖類型

❷ 選擇此類型的副圖表

❸ 按此鈕確定

▶ step 3

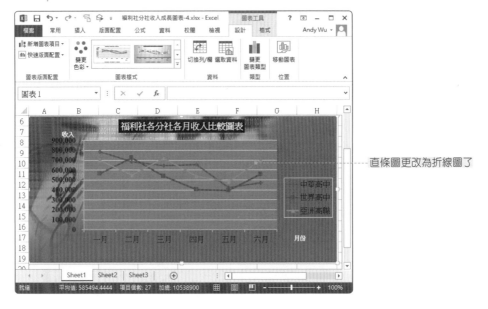

直條圖更改為折線圖了

　　若要更改折線圖內各數據資料的格式，請比照更改直條圖數據資料格式的
方式，將其調整為如下圖示的格式。

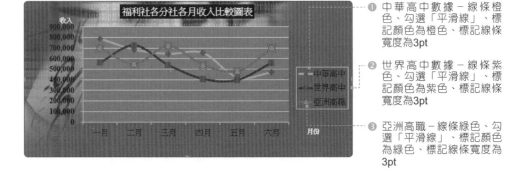

❶ 中華高中數據－線條橙
色、勾選「平滑線」、標
記顏色為橙色、標記線條
寬度為3pt

❷ 世界高中數據－線條紫
色、勾選「平滑線」、標
記顏色為紫色、標記線條
寬度為3pt

❸ 亞洲高職－線條綠色、勾
選「平滑線」、標記顏色
為綠色、標記線條寬度為
3pt

4-2-3　圖表選項設定

　　在製作圖表時，我們曾經使用選取圖表物件後，並按下 [格式化選取範圍] 「工具
鈕，開啟物件的設定對話框來進行設定。除此之外，在「版面配置」功能表區
中也提供了相關物件的快速設定指令鈕。讓我們一起來瞧瞧一些重要的設定工
具吧！

▶ step 1

這些指令鈕都是常用的圖表物件設定工具

▶ step 2

❶ 切換到「座標軸」指令

❷ 區分水平與垂直兩種座標軸(即範例中的月份與收入)。在垂直座標軸中包含有多種顯示單位的座標軸樣式可套用

▶ step 3

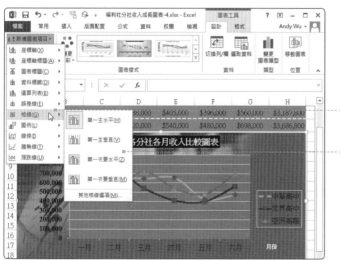

❶ 切換到「格線」指令

❷ 有主要格線與次要格線可分別設定

▶ step 4

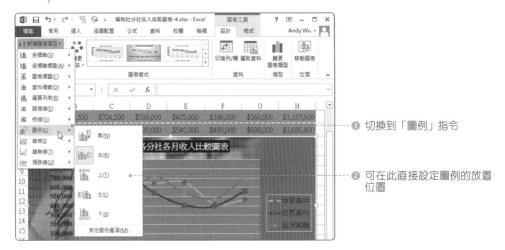

❶ 切換到「圖例」指令

❷ 可在此直接設定圖例的放置
位置

▶ step 5

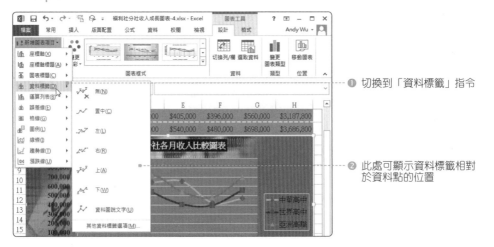

❶ 切換到「資料標籤」指令

❷ 此處可顯示資料標籤相對
於資料點的位置

▶ step 6

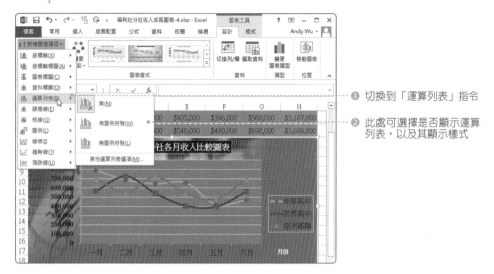

❶ 切換到「運算列表」指令

❷ 此處可選擇是否顯示運算列表，以及其顯示樣式

4-2-4 變更圖表資料來源

製作圖表的資料來源可隨時依使用者希望顯示於圖表上的資料內容來做變更：

▶ step 1

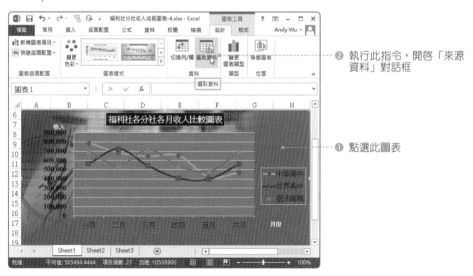

❷ 執行此指令，開啟「來源資料」對話框

❶ 點選此圖表

▶ step 2

❶ 請分別點選世界高中與亞洲高職數列名稱，並按下「移除」鈕即可達到圖示的效果

❷ 按此鈕確定

▶ step 3

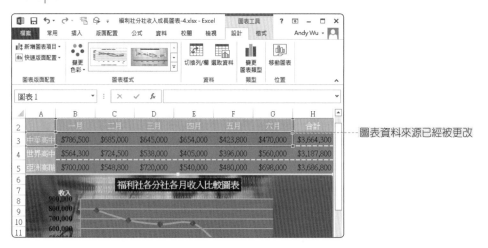

圖表資料來源已經被更改

　　在選擇圖表資料來源時，若您的資料來源為好幾個不同範圍的資料，那麼建議您以新增數列的方式來製作圖表會比較妥當。

4-2-5　檢視立體圖表

　　製作立體圖表的方式與平面圖表沒什麼太大的差別，筆者就不再多述。請您直接開啟本章範例檔「福利社分社收入成長圖表-5.xlsx」，並執行下列步驟以檢視立體圖表：

▶ step 1

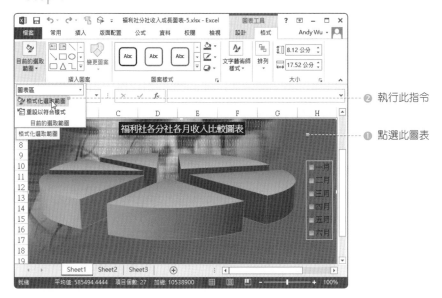

② 執行此指令

● 點選此圖表

▶ step 2

③ 按此鈕確定

● 此處可設定立體圖表左右旋轉與上下仰角的角度，請各設定為20度

② 此處可定立體圖表基底的厚度，請設定其為80

▶ step 3

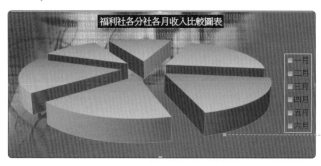

立體圖表檢視完畢

4-2-6　列印圖表

列印圖表時，您可以將圖表當作工作表中的一個物件來列印，或者僅列印圖表。下面就分別介紹此兩種列印圖表方式的用法。

當做工作表的一個物件

請點選圖表以外的任一儲存格，再執行列印的指令，即可將圖表當做工作表中一個物列印出來。下圖為列印前的預覽外觀。

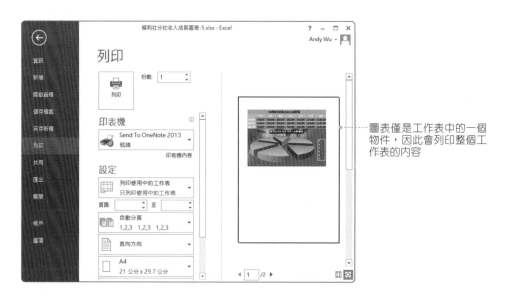

圖表僅是工作表中的一個物件，因此會列印整個工作表的內容

僅列印圖表

請點選要列印的圖表，並執行列印的指令，即可將圖表做為文件中的主角，而僅於頁面中列印所選的圖表。下圖為圖表列印前的預覽外觀。

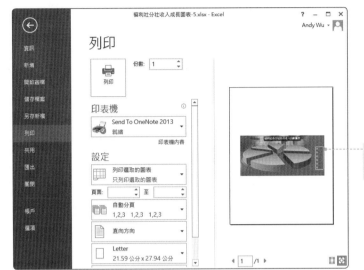

圖表為工作表中的主角，因此會列印的文件僅包含所選圖表

一、是非題

1. (　) 選擇資料來源後，數列資料選擇取自欄或列的圖表外觀是相同的。

2. (　) 製作完成的圖表其內容會依來源資料的內容修改而跟著改變。

3. (　) 若於資料數列格式對話框中更改數列的順序，那麼來源資料的順序也會跟著改變。

4. (　) 於圖表內加入趨勢線時，冪次越高趨勢線就越為精密。

5. (　) 標準類型的圖表都可加入趨勢線。

二、選擇題

1. (　) 下列敘述何者有誤？

(A)圖表類型分為預設標準類型與自訂範本類型

(B)僅預設標準類型的圖表還分有副圖表類型

(C)僅自訂範本類型的圖表還分有副圖表類型

(D)使用者可自訂範本圖表類型

2. (　) 下列何者不是Excel所提供的標準圖表類型？

(A)股票圖 　　　　　　　　(B)組織圖

(C)泡泡圖 　　　　　　　　(D)雷達圖

3. (　) 使用圖表快速建立功能來製作圖表時，其動作分為幾個步驟？

(A)三個 　　　　　　　　(B)四個

(C)五個 　　　　　　　　(D)兩個

4. (　) 下列哪一種類型的趨勢線可設定冪次？

(A)線性 　　　　　　　　(B)對數

(C)多項式 　　　　　　　(D)以上皆可

5. (　) 圖例的位置不包含下列何者？

(A)上 　　　　　　　　(B)下

(C)左 　　　　　　　　(D)左上

三、實作題

1. 請開啟本章實作檔「商品銷售表.xlsx」，並依下列提示完成「上半年商品銷售圖表」。

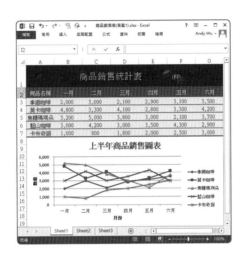

提示：

- 選擇含有資料標記的折線圖做為圖表類型。

- 選取A2:G7做為製作表格的資料來源(數列資料取自列)。

- 設定圖表標題、數值與類別座標軸標題文字如圖。

2. 延續上例，請將「上半商品銷售圖表」更改為如下圖示的「各商品銷售成長圖表」。

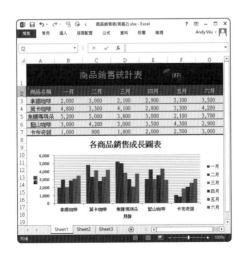

提示：

- 變更圖表類型為直條圖。

- 更改數列資料取自「欄」，並更改類別座標軸標題。

- 設定顯示數值Y軸的次要格線。

3. 請將各商品銷售成表圖表依下列提示進行各項格式化的動作。

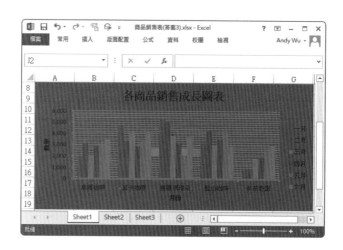

提示：

- 圖表區填入圖片(檔名：圖片4.jpg)，並設定為無框線。

- 設定繪圖區為無框線、無填滿。

- 設定數值Y軸刻度主要刻度間距為1000、線條顏色為綠色，線條寬度為3pt。

- 設定類別座標軸線條顏色為綠色，線條寬度為3pt。

4. 請舉出至少三種圖表的元件。

5. 如何將圖表中的圖例移到圖表的下方。

6. 請舉出Excel五種可以建立的圖表類型。

NOTE

05 員工每月出勤時數報告

 學 習 重 點

- 運用資料驗證避免輸入錯誤
- 日期顯示格式的變更
- 運用VLOOKUP()函數自動輸入
- 製作樞紐分析表
- 自動格式
- 隱藏欄位

　　對一家公司而言，員工是最重要的資產，若這家公司的員工常常請假、曠職或生病，不僅會對其他員工、公司造成影響，也會讓公司因而損失不少生意往來。所以，建立一個「員工每月出勤時數統計表」用來管理員工出席狀況是有其必要的。

　　在製作員工每月出勤時數統計表的過程中，會運用函數來簡化請假公式的計算，以及請假記錄的建立，最後以出勤記錄製作成樞紐分析表，讓使用者輕易的就可查出各個員工請假的狀況。

 範 例 成 果

	A	B	C	D	E	F
1	加總 - 天數					
2		公假	年假	事假	病假	總計
3	李向承		1	1.3	2	4.3
4	周宜相	1	0.5	1	0.6	3.1
5	林亦夫	1			1.5	2.5
6	林佳玲			0.5	0.5	1
7	張小雯	2.5	2			4.5
8	張全尊	1	2	0.5	1	4.5
9	許小為			1	0.3	1.3
10	許易堅	2	2		1	5
11	陳益浩	1	1		1	3
12	陳貽宏		2			2
13	楊林憲				3	3
14	楊治宇	1	2	0.2		3.2
15	劉吟秀	3	2			5
16	總計	12.5	14.5	4.5	10.9	42.4

◄ ► ... | 工作表1 | 請假 | ... ⊕ ⋮ | ◄ | ► |

▲員工請假樞紐分析表▲

5-1　訂定員工請假規範

　　員工休假可分成支薪與不支薪的假別，不同的假別會有不同的扣錢方式，依照員工請假規範來限定員工請假的假別，建立出勤時數統計表，不但可計算每個月的請假人數、時數等，作為支付薪資的依據，還能評估員工的適任性。

5-1-1　員工請假規範

　　首先，讓我們來瞭解一下「員工請假規範」的各項請假規定，規定如下：

假別

1. **事假**：因事需由本人親自處理，屬於不給薪的假別。

2. **病假**：因病或生理因素需要治療或休養者，薪水折半。

3. **分娩假**：本人分娩前後。照給薪。

4. **喪假**：親人喪亡。照給薪。

5. **公假**：依政府法令規定應給予公假者，照給薪。

6. **年假**：依照年資每年的假期，照給薪。

時數計算

　　請假單位為「小時」，例如：請假不超過一小時則以一小時計算，以此類推。

年假給假方式

1. 需年滿一年，才有年假。

2. 一年以上未滿三年，每年7天年假。

3. 三年以上未滿五年，每年10天年假。

4. 五年以上未滿十年，每年14天年假。

5. 十年以上則每年增加一天，直至30天為止。

5-1-2 建立年休表

當一個員工在公司工作年滿一年即會有年假，因年資的不同而有不一樣天數的年假，因此我們需要先建立好年假表，才能看出員工已經休過幾天年假或已經休完年假。請開啓範例檔「出勤時數-01.xlsx」，我們要使用資料驗證來避免輸入錯誤資料。

▶ step 1

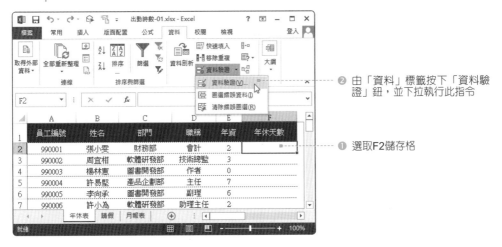

❷ 由「資料」標籤按下「資料驗證」鈕，並下拉執行此指令

❶ 選取F2儲存格

▶ step 2

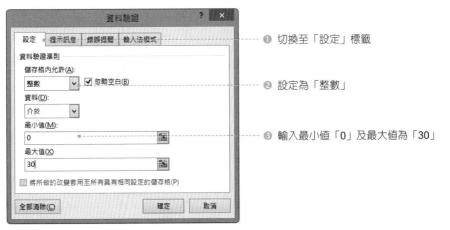

❶ 切換至「設定」標籤

❷ 設定為「整數」

❸ 輸入最小值「0」及最大值為「30」

▶ step 3

① 切換至「提示訊息」標籤

② 勾選此項將在選取資料時顯示提示訊息

③ 輸入標題及提示訊息文字

可按此鈕清除訊息

▶ step 4

① 切換至「錯誤提醒」標籤

② 勾選此項將在輸入不正確時顯示警訊

③ 輸入標題及訊息內容

④ 按此鈕確定

▶ step 5

選取F2儲存格，旁邊出現提示訊息，在儲存格中輸入「100」並按下「Enter」鍵

▶ step 6

① 出現警告訊息！

② 按此鈕重試即可

▶ step 7

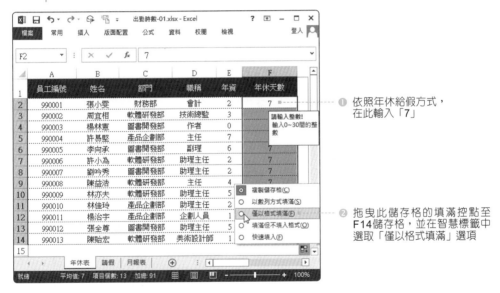

① 依照年休給假方式，在此輸入「7」

② 拖曳此儲存格的填滿控點至F14儲存格，並在智慧標籤中選取「僅以格式填滿」選項

這樣就不會輸入錯誤了！您只要將年資依序比對年休給假方式，填入到年休天數即可。

在驗證部分，錯誤提醒的樣式共有三種，其說明如下表：

樣式名稱	圖示	錯誤提示	差異性
停止	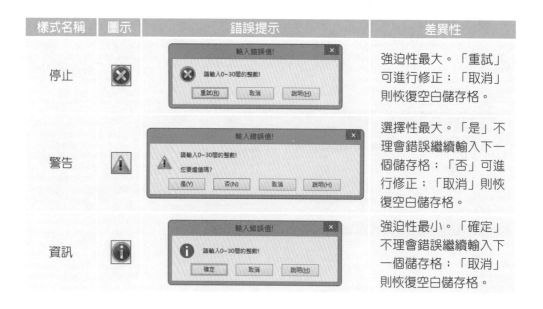		強迫性最大。「重試」可進行修正;「取消」則恢復空白儲存格。
警告			選擇性最大。「是」不理會錯誤繼續輸入下一個儲存格;「否」可進行修正;「取消」則恢復空白儲存格。
資訊			強迫性最小。「確定」不理會錯誤繼續輸入下一個儲存格;「取消」則恢復空白儲存格。

5-2 建立請假記錄表

接下來,讓我們來建立請假清單吧!筆者已經製作好請假清單,在此清單中有請假日期、員工編號、員工姓名、假別及天數。

5-2-1 設定日期顯示格式

首先讓我們來設定請假清單的日期。在 Excel 中,「日期」為一特定格式,所以必須先設定好日期的格式,否則有可能把輸入的「民國」年當作「西元」年來輸入,而不能正常的顯示。請開啟範例檔「出勤時數-02.xlsx」。

▶ step 1

❷ 由「常用」標籤按下「數值」
鈕旁的此鈕,使開啟「儲存格
格式」視窗

❶ 切換至此「請假」工作表

▶ step 2

❶ 切換至「數值」標籤

❷ 選此「日期」類別

❹ 選擇此類型

❸ 設定如圖示

❺ 按此鈕確定

▶ step 3

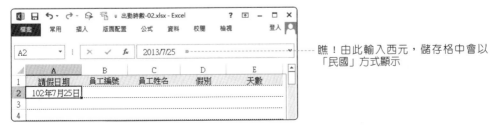

瞧!由此輸入西元,儲存格中會以
「民國」方式顯示

請注意！因為民國年與西元年的年制不同，所以，在此儲存格中必須輸入「西元」年，如此才能正確的轉換為「民國」年。

5-2-2　自動輸入員工姓名

為了不讓使用者重複輸入員工編號及員工姓名的麻煩，所以不妨設定公式讓使用者輸入員工編號的同時，就會自動出現員工姓名。在此範例中，需要使用VLOOKUP()函數來參照「年休表」中的A2儲存格到B14儲存格內容，且需顯示第二欄的內容，所以VLOOKUP()函數內容應為「(員工編號欄位,年休表!A2:B14,2,0)」。以下將延續上述範例進行說明。

▶ step 1

④ 按「插入函數」鈕

③ 選取C2儲存格

② B2儲存格輸入請假員工編號「990001」

① 切換至此「請假」工作表

▶ step 2

① 搜尋VLOOKUP公式

② 找到公式後，按下「確定」鈕離開

▶ step 3

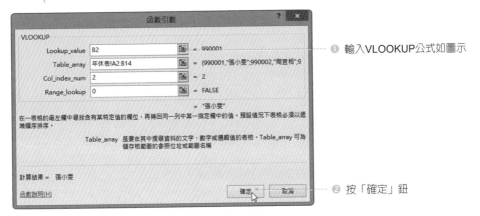

❶ 輸入VLOOKUP公式如圖示

❷ 按「確定」鈕

▶ step 4

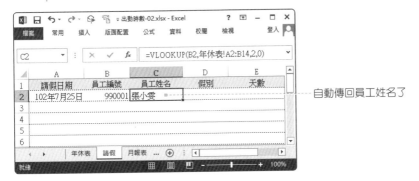

自動傳回員工姓名了

　　只要在其他員工姓名的欄位中，帶入此VLOOKUP()函數，就可以省略輸入員工姓名的程序。

5-2-3 假別清單的建立

　　因為有太多不同的假別，所以我們將運用資料驗證的功能來建立假別清單，方便使用者來進行選取。

▶ step 1

❷ 執行「資料驗證」指令

❶ 選取D2儲存格

▶ step 2

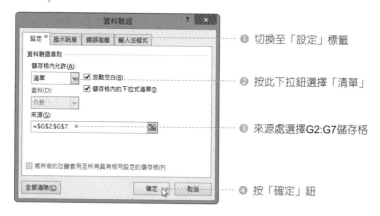

❶ 切換至「設定」標籤

❷ 按此下拉鈕選擇「清單」

❸ 來源處選擇G2:G7儲存格

❹ 按「確定」鈕

▶ step 3

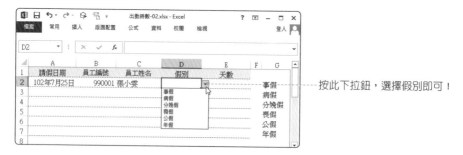

按此下拉鈕，選擇假別即可！

　　使用下拉式選單來選擇清單的方式，可以節省許多輸入資料的時間。至於「天數」欄位的輸入，只要依照員工請假的時數來計算，一小時為0.1天，兩小時為0.2天，最多到8小時為止，若為8小時則以一整天計算。

5-3 製作樞紐分析表

在建立了請假表之後，緊接著讓我們來看看如何以請假表來建立樞紐分析表。讓使用者可以輕易選取需要的資料來顯示。

5-3-1 建立樞紐分析表

之前已經講解過如何建立樞紐分析表，所以在此僅以範例說明。請開啟範例檔「出勤時數 -03.xlsx」。

▶ step 1

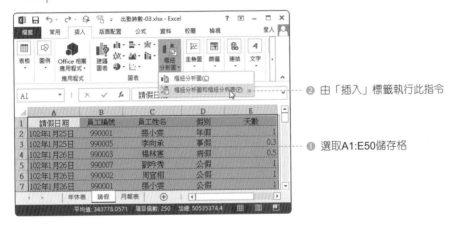

┄┄ ❷ 由「插入」標籤執行此指令

┄┄ ❶ 選取A1:E50儲存格

▶ step 2

┄┄ ❶ 自動選取資料範圍

┄┄ ❷ 選此項在新工作表中建立樞紐分析表

┄┄ ❸ 按此鈕

▶ step 3

將上面的欄位分別拖曳到下面的設定欄位中

▶ step 4

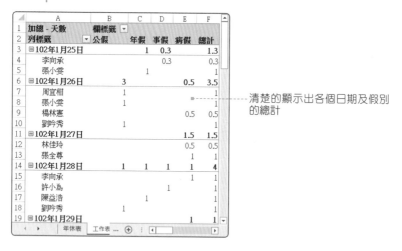

清楚的顯示出各個日期及假別的總計

5-3-2 列出員工個人請假的統計表

建立了樞紐分析表之後，就可從該表中選出員工個人的所有請假資料。在以下範例中，將查出員工姓名「張全尊」請了多少天年休。請開啟範例檔「出勤時數-04.xlsx」。

▶ step 1

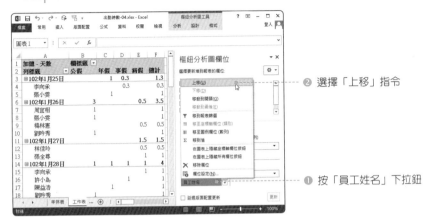

② 選擇「上移」指令

❶ 按「員工姓名」下拉鈕

▶ step 2

② 按下列標籤的清單鈕

❶ 瞧！按照員工姓名分類

▶ step 3

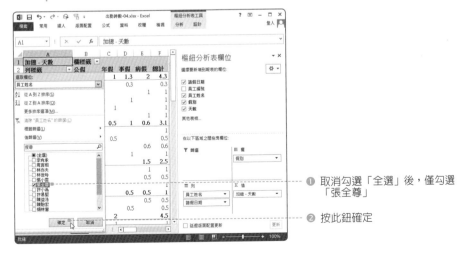

❶ 取消勾選「全選」後,僅勾選「張全尊」

② 按此鈕確定

▶ step 4

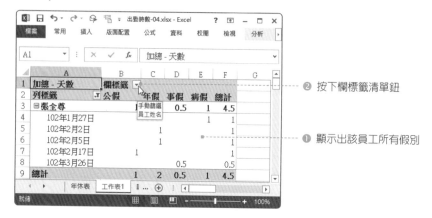

❷ 按下欄標籤清單鈕

❶ 顯示出該員工所有假別

▶ step 5

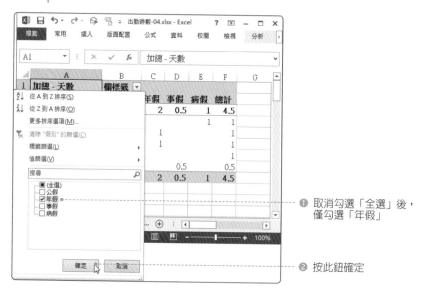

❶ 取消勾選「全選」後，僅勾選「年假」

❷ 按此鈕確定

▶ step 6

「年假」資料顯示出來了，共請了2天年假

5-3-3 依照日期顯示

請假表記錄了每一次的請假資料，幾個月下來累積的資料一定會很驚人。這時不妨利用樞紐分析表的分頁功能，把請假日期分頁來顯示。請開啓範例檔「出勤時數-04.xlsx」。

▶ step 1

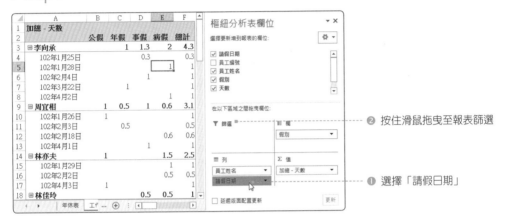

② 按住滑鼠拖曳至報表篩選

① 選擇「請假日期」

▶ step 2

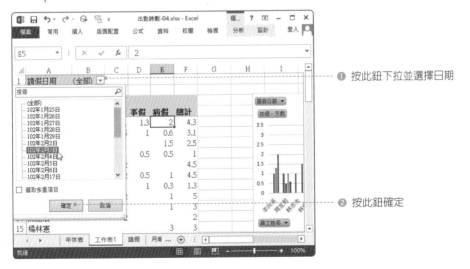

① 按此鈕下拉並選擇日期

② 按此鈕確定

▶ step 3

顯示出「102年2月3日」的
請假資料了！

　　若要選擇特定月份時，則可
在步驟2中，勾選「選取多重項
目」，選擇同一月份資料即可。

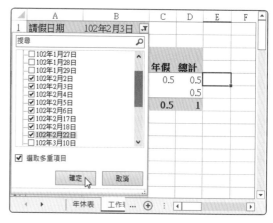

5-3-4　使用報表格式

　　樞紐分析表除了可以直接改變儲存格格式之外，還可以運用樞紐分析表工
具列中的報表格式鈕來變化及套用格式。以下將延續上述範例來進行說明。

▶ step 1

❷ 由「設計」標籤按此下拉鈕

❶ 點選任意樞紐分析表中的儲存格

▶ step 2

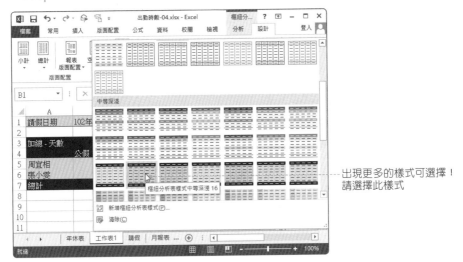

出現更多的樣式可選擇！
請選擇此樣式

▶ step 3

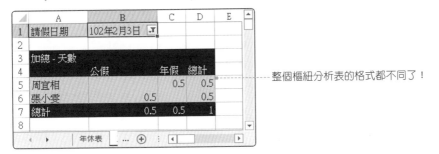

整個樞紐分析表的格式都不同了！

在此報表格式中，有許多種的格式，但不是每一種格式都適用於目前的樞紐分析表，請使用者自行選取適合的報表樣式。

除了員工出勤的統計表外，其他種類的表格製作亦可套用這些功能及方式，如使用VLOOKUP()函數來自動輸入、資料驗證中的清單讓使用者點選資料及變換樞紐分析表欄位等等功能，一定會提升使用者在工作上的效率。

一、是非題

1. ( ) 在預設情形下，於儲存格中輸入西元日期將會自動轉換成中華民國日期格式。

2. ( ) 樞紐分析圖和樞紐分析表一樣，可直接以滑鼠來拖曳欄位改變樞紐分析圖的顯示。

3. ( ) 樞紐分析表的「報表篩選」欄位，可選擇多筆資料作為分頁的依據。

4. ( ) 樞紐分析表中的「報表篩選」欄位，乃是由欄與列交叉產生的儲存格資料。

5. ( ) 在「樞紐分析表欄位清單」視窗，只要以滑鼠拖曳的方式就可將欄位擺放到欄或列的位置上。

二、選擇題

1. ( ) 樞紐分析表是由幾種元件組合而成？

    (A)4   (B)5

    (C)6   (D)7

2. ( ) 下列何者為資料驗證準則允許的內容型態？

    (A)整數   (B)實數

    (C)清單   (D)以上皆是

3. ( ) 樞紐分析表中預設的計算格式為何？

    (A)最小值   (B)最大值

    (C)加總   (D)平均值

4. ( ) 下列何者對資料驗證功能的敘述有誤？

    (A)可提醒使用者應輸入的資訊   (B)可設定輸入法模式

    (C)具有自動修護功能   (D)可設定警告視窗

5. ( ) 下列何者不是合法的日期輸入格式？

    (A)2004-2-11   (B)2004/2/11

    (C)04_2_11   (D)04/02/11

6. ( ) 自動格式結合的格式種類不包含下列何者？

    (A)字型   (B)數值

    (C)框線   (D)備註

7. (　) 樞紐分析表的組成元件下列何者為非？

(A)列　　　　　　　　　　　　(B)欄

(C)資料　　　　　　　　　　　(D)儲存格

三、實作題

1. 請開啟範例檔「出勤時數-05.xlsx」，並依序完成以下要求：

- 請在「請假」工作表的「員工姓名」欄位中使用「VLOOKUP()函數」，以「員工編號」為目標，來參照於「年休表」中的員工姓名。

- 請在「請假」工作表「天數」欄位中，加入「資料驗證」，而其資料驗證準則，設定數值為「實數」，數值介於最小值為「0」，最大值為「30」之間。

- 在資料驗證的提示訊息標籤頁中，設定其標題為「請輸入實數」，提示訊息為「數值介於0～30」。

	A	B	C	D	E
1	請假日期	員工編號	員工姓名	假別	天數
2	102年1月25日	66001		年假	1.0
3	102年1月25日	66005		事假	0.3
4	102年1月26日	66007		病假	0.5
5	102年1月26日	66008		公假	1.0
6	102年1月26日	66004		公假	1.0
7	102年1月26日	66008		公假	1.0
8	102年1月27日	66001		病假	1.0
9	102年1月27日	66010		病假	0.5
10	102年1月28日	66011		年假	1.0
11	102年1月28日	66006		病假	1.0
12	102年1月28日	66004		公假	1.0

請假　樞紐分...

2. 將上述要求建立好之後，以「請假」工作表為範圍，建立起一個如下圖的樞紐分析表：

- 請將「請假日期」放在「報表篩選」欄位中，「假別」及「員工姓名」放在「列標籤」元件，「天數」放在「值」元件中。

NOTE

06 | 季節與年度人員考績評核

學 習 重 點

- 複製工作表資料
- 以INDEX()函數參照缺勤記錄
- 使用If判斷式設定條件
- 使用合併彙算功能計算考績平均
- 利用RANK.EQ()函數排出名次
- 運用LOOKUP()函數對照年終獎金

　　員工考績是一年以來員工表現的總整理，這關係到每位員工的年終獎金，如果計算錯誤或是計算方法錯誤，都有可能影響每位員工的權益，所以必須小心求得正確的結果。

　　每個公司都有計算員工績效的方式，有些公司是以「月」來區分員工考績，也有的是用「季」來計算，而求得考績的方法也不盡相同。在本章中，將以計算每一季的考績，然後彙整成為年度考績，並加以區分等級，然後依照不同的等級，再分給不同的年終獎金。

Excel 2013

範例成果

	A	B	C	D	E	F
1	第一季員工考績					
2	員工編號	姓名	缺勤紀錄	出勤點數	工作表現	本季考績
3	990001	張小雯	1.0	29	92	93.4
4	990002	周宜相	2.6	27.4	96	94.6
5	990003	楊林憲	3.0	27	85	86.5
6	990004	許易堅	3.0	27	91	90.7
7	990005	李向承	3.3	26.7	88	88.3
8	990006	許小為	1.3	28.7	86	88.9
9	990007	劉吟秀	3.0	27	85	86.5
10	990008	陳益浩	2.0	28	84	86.8
11	990009	林亦夫	2.5	27.5	83	85.6
12	990010	林佳玲	1.0	29	90	92
13	990011	楊治宇	1.2	28.8	91	92.5
14	990012	張全尊	2.5	27.5	92	91.9
15	990013	陳貽宏	0.0	30	60	72
16	990014	王楨珍	0.0	30	95	96.5
17	990015	陳怡雯	2.0	28	70	77

◀ 第一季考績表 ▶

	A	B	C	D	E	F	G	H	I	J	K
1	部門考績分數：		90								
2											
3	年度員工考績										
4	員工編號	姓名	季平均	年度考績	名次	等級	獎金		名次對照	等級	獎金
5	990001	張小雯	91	90	3	A	50,000		5	A	50000
6	990002	周宜相	91	91	2	A	50,000		10	B	40000
7	990003	楊林憲	82	87	14	C	30,000		15	C	30000
8	990004	許易堅	86	88	12	C	30,000				
9	990005	李向承	89	89	7	B	40,000				
10	990006	許小為	90	90	4	A	50,000				
11	990007	劉吟秀	87	89	10	B	40,000				
12	990008	陳益浩	89	89	9	B	40,000				
13	990009	林亦夫	84	88	13	C	30,000				
14	990010	林佳玲	89	90	5	A	50,000				
15	990011	楊治宇	89	90	6	B	40,000				
16	990012	張全尊	89	89	8	B	40,000				
17	990013	陳貽宏	86	89	11	C	30,000				
18	990014	王楨珍	94	92	1	A	50,000				
19	990015	陳怡雯	82	87	15	C	30,000				

◀ 年度考績表 ▶

6-1　季節考績記錄表

　　既然是以季爲單位，首先要製作各季的考績記錄表，其中包含出缺勤記錄及工作表現等考績分數，以便日後做年度彙整。

　　爲了節省輸入員工資料的時間，我們可以使用複製的方式，將員工資料複製到每個工作表中。請開啓範例檔「人員考績-01.xlsx」。

▶ step 1

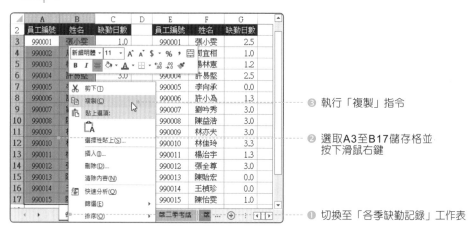

❸ 執行「複製」指令

❷ 選取A3至B17儲存格並按下滑鼠右鍵

❶ 切換至「各季缺勤記錄」工作表

▶ step 2

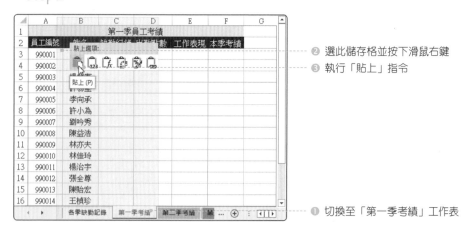

❷ 選此儲存格並按下滑鼠右鍵

❸ 執行「貼上」指令

❶ 切換至「第一季考績」工作表

▶ step 3

複製員工基本資料到「第一季考績」工作表中了！

只要再切換到「第二季考績」、「第三季考績」、「第四季考績」及「年度考績」中，以相同的方法複製即可節省輸入員工基本資料的時間。

6-2 參照各季缺勤記錄

為了對照方便，首先將每一季的缺勤記錄統計放在「各季缺勤記錄」工作表中。而接下來就必須將每一季的員工缺勤記錄一一放到每一季考績工作表中，雖然可以用複製的方法將缺勤記錄複製到各個考績表中，但是為了下一年度統計的方便，所以用參照的方式，將各季缺勤的記錄對照到各個考績表中，當下一次要計算考績表時，就不需要一一複製，只要修改「各季缺勤記錄」工作表中的缺勤記錄即可。在進行範例之前，讓我們先來瞭解所需的INDEX()函數。

INDEX()函數

■ **語法**：INDEX(Array,Row_num,Column_num)

■ **說明**：以下表格為INDEX()函數說明。

引數名稱	說明
Array	指定儲存格的範圍。
Row_num	傳回的值位於指定範圍的第幾列。
Column_num	傳回的值位於指定範圍的第幾欄。

　　瞭解INDEX()函數之後，以下將延續上一小節範例來進行說明，告訴各位如何傳回缺勤記錄。

▶ step 1

　　　　　　　　　　　　　　❷ 按此鈕插入函數

　　　　　　　　　　　　　　❶ 選此儲存格

▶ step 2

　　　　　　　　　❶ 下拉此鈕並選擇「檢視與參照」

　　　　　　　　　❷ 選擇「INDEX」

　　　　　　　　　❸ 按此鈕確定

▶ step 3

❶ 選此項

❷ 按此鈕確定

▶ step 4

按此鈕選取儲存格範圍

▶ step 5

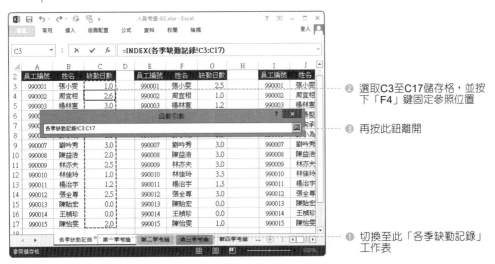

❷ 選取C3至C17儲存格,並按下「F4」鍵固定參照位置

❸ 再按此鈕離開

❶ 切換至此「各季缺勤記錄」工作表

Tips

在Excel中,按下「F4」鍵來將選取的儲存格更改為「絕對參照位址」,當要以填滿控點來複製儲存格內容時,此參照位址就不會隨著變動。

► step 6

❶ 輸入「1」，傳回此範圍中的第一個列位值

❷ 按此鈕確定

► step 7

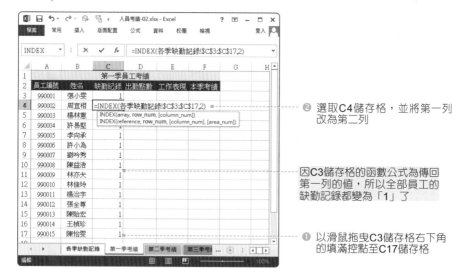

=INDEX(各季缺勤記錄!$C$3:$C$17,2)

❷ 選取C4儲存格，並將第一列改為第二列

因C3儲存格的函數公式為傳回第一列的值，所以全部員工的缺勤記錄都變為「1」了

❶ 以滑鼠拖曳C3儲存格右下角的填滿控點至C17儲存格

► step 8

=INDEX(各季缺勤記錄!$C$3:$C$17,15)

此為C17儲存格的函數公式

將其它員工的缺勤記錄依此方式一一更改，員工缺勤記錄就完成了！

以相同的方法製作2、3、4季考績的缺勤記錄。

6-3 計算出勤點數

在此設定公司的出勤點數是以30點為總點數，只要將出勤點數扣去缺勤點數，就是本季的出勤點數，若缺勤點數為「0」，則此員工就可得到「30」點的點數，若此員工缺勤點數超過「30」點，就直接顯示「開除」二字。公式如下：

$$If((30-缺勤記錄)>=0,(30-缺勤記錄),"開除")$$

以下將以範例說明。請開啟範例檔「人員考績-02.xlsx」。

▶ step 1

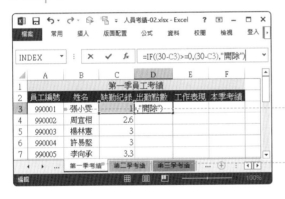

② 選取 D 3 儲存格在此輸入「=IF((30-C3)>=0,(30-C3),"開除")」後，按下「Enter」鍵

❶ 切換至此「第一季考績」工作表

▶ step 2

❶ 計算出此員工在此季的出勤點數

② 滑鼠拖曳D3儲存格的填滿控點複製公式至D17儲存，就可輕鬆複製出其他員工的出勤點數

至於其他季的考績工作表，也是以相同的方法即可算出出勤點數。

6-4 員工季考績計算

每一位員工的工作表現分數是以「100」分來計算，在主管一一輸入每位員工的工作表現分數之後，接下來就來計算此季的員工考績分數。公司的季考績分數是以「出勤點數」加上「工作表現」，而「出勤點數」佔了總比例的「30%」，而「工作表現」則佔了「70%」。比如說某一員工的「出勤點數」為「20」、「工作表現」分數為「90」，則此員工的考績計算方式如下：

某員工季考績分數＝20＋(90＊0.7)＝83

瞭解計算方式之後，以下將直接以範例說明。請開啟範例檔「人員考績-03.xlsx」，我們將做季考績的計算。

▶ step 1

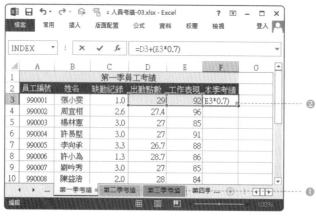

❷ 選F3儲存格，並在此輸入「=D3+(E3*0.7)」後，按下「Enter」鍵

❶ 切換至此「第一季考績」工作表

▶ step 2

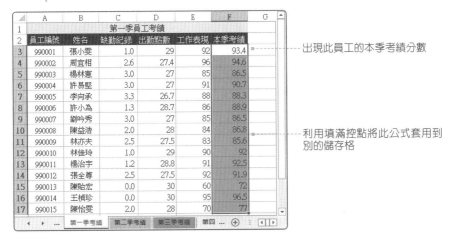

出現此員工的本季考績分數

利用填滿控點將此公式套用到
別的儲存格

6-5 年度考績計算

由於年度考績分數關係著年終獎金的多寡,因此必須準確的計算出每位員工的考績分數,才不會造成年終獎金分配不公平的狀況。

因為每個部門的工作不同,若以部門中的季平均來計算,似乎有點不公平,所以總經理會給予每個部門不同的考績分數,然後按照此考績分數及季平均分數來計算出此員工的年度考績分數。計算出員工個人的年度考績分數後,再依照比例來評判等級,不同的等級會有不同的年終獎金。

6-5-1 計算季平均分數

首先讓我們以「合併彙算」的方式,來計算出員工的季平均分數。請開啟範例檔「人員考績-04.xlsx」。

▶ step 1

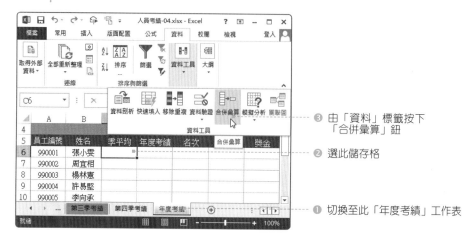

③ 由「資料」標籤按下「合併彙算」鈕

② 選此儲存格

① 切換至此「年度考績」工作表

▶ step 2

① 選此項

② 按此折疊鈕

▶ step 3

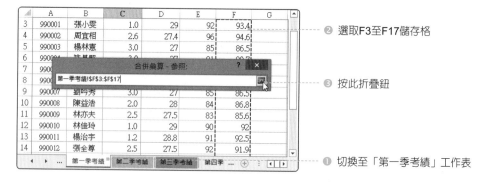

② 選取F3至F17儲存格

③ 按此折疊鈕

① 切換至「第一季考績」工作表

▶ step 4

按此鈕新增

▶ step 5

在此新增一組參照位址！

Tips

以相同的步驟將其他三季考績的季考績分數位置新增至此參照位址中。

▶ step 6

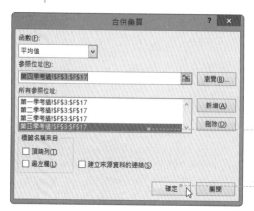

❶ 已經新增其他季的季考績分數位址

❷ 按此鈕確定

▶ step 7

出現季考績平均分數了

Tips

由於計算出的數值是小數點後三位，為了計算方便及工作表美觀，所以必須將小數點去除。

▶ step 8

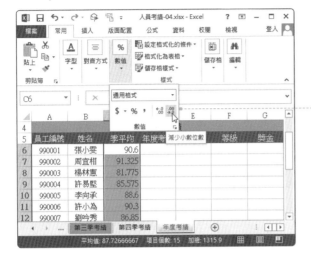

由「常用」標籤按下「減少小數位數」鈕

▶ step 9

瞧！此「季平均」數值以整數顯示了！

6-5-2 計算年度考績分數

　　總經理給予此部門考績分數之後，接著就可以計算出年度考績分數了！「年度考績」分數是以「部門考績分數」佔60%，「季平均」分數佔40%，也就是「部門考績分數」乘上60%後，再加上「季平均」乘上40%的分數。簡單來說：該部門的考績分數為「90」，而某員工的季考績分數為「80」，因此年度考績分數就是：

$$(90*0.6)＋(80*0.4)＝ 86$$

現在，讓我們開啟範例檔「人員考績-05.xlsx」來練習。

▶ step 1

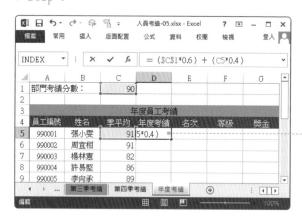

選此 D 5 儲存格，並在此輸入「＝($C$1*0.6)＋(C5*0.4)」後，按下「Enter」鍵

▶ step 2

顯示出此員工的年度考績了！

Tips

使用者可能會覺得奇怪，為什麼D5儲存格計算出來的值並非「90.4」而是「90.24」？因為D5儲存格只是運用「減少小數位數」的方法讓此儲存格看起來整齊而已，實際上此儲存格的值為「90.6」，所以在此是以「(90*0.6)＋(90.6*0.4)」來計算，因此計算出來的值為「90.24」。

接下來，只要以滑鼠直接拖曳填滿控點來複製即可，結果如下圖：

年度考績計算完畢！

爲了顯示整齊，可使用「減少小數位數」鈕，將小數點去除！

6-6 排列部門名次

知道員工的年度考績後，當然接著就是要排列此部門員工的名次，用以排列不同的考績等級。首先認識用來排名的 RANK.EQ() 函數。

RANK.EQ() 函數

■ **語法**：RANK.EQ(number, ref ,order)

■ **說明**：將傳回指定數字在數字清單中的排序等級，數字的大小相對於清單中其他值的大小。如果有多個數值的等級相同，則會傳回該組數值的最高等級。相關引數說明如下：

引數名稱	說明
number	指定數字，或指定儲存格數值。
ref	數字清單的陣列或參照的儲存格位置。陣列中的非數值會被忽略。
order	指定數字排列順序的數字。 如果 order 為 0 (零) 或被省略，陣列將當成從大到小排序來評定等級。 如果 order 不是 0，則將陣列從小到大排序來評定等級。

初步了解RANK.EQ()函數後，以下將以實際範例作為練習，請延續上述範例檔，我們將使用RANK.EQ()函數來排名次。

▸ step 1

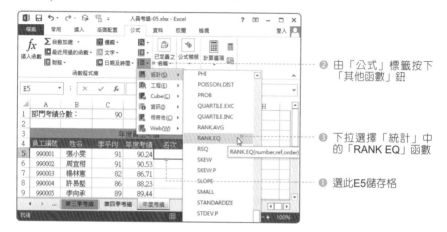

❷ 由「公式」標籤按下「其他函數」鈕

❸ 下拉選擇「統計」中的「RANK EQ」函數

❶ 選此E5儲存格

▸ step 2

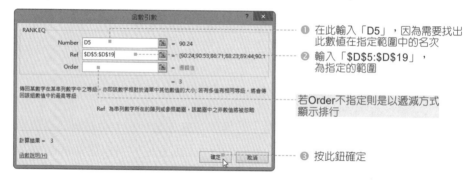

❶ 在此輸入「D5」，因為需要找出此數值在指定範圍中的名次

❷ 輸入「$D$5:$D$19」，為指定的範圍

若Order不指定則是以遞減方式顯示排行

❸ 按此鈕確定

▸ step 3

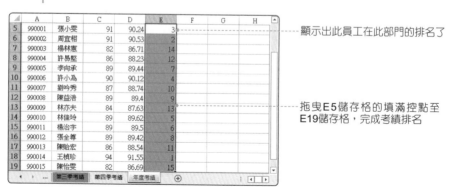

顯示出此員工在此部門的排名了

拖曳E5儲存格的填滿控點至E19儲存格，完成考績排名

6-7 排列考績等級

計算出名次排行之後，接著就以此名次來對照考績等級。在此考績等級是以名次排行來分等級，在部門中考績名次排行1-5名的員工，其考績等級為「A」、排行6-10名的員工，其考績等級為「B」、排行11-15名的員工，其考績等級則為「C」。

以對照的方式，用IF()函數來判斷每位員工的等級為何。以員工「張小雯」為例，其名次儲存格為「E5」，使用IF()函數來判斷「E5」的值是否小於或等於「5」，如果成立則對照等級「A」，如不成立則判斷「E5」的值是否小於或等於「10」，如果成立則對照等級「B」，若不成立則繼續判斷…。這樣就可將所有員工依照名次來排考績等級。接下來請開啟範例檔「人員考績-06.xlsx」，我們將使用IF函數來排出考績等級。

▶ step 1

② 選取F5儲存格，並在此輸入「=IF(E5<=I5,J5,IF(E5<=I6,J6,IF(E5<=I7,J7)))」後，按下「Enter」鍵

① 切換至「年度考績」工作表

▶ step 2

對照出此為員工的考績等級!

因為對照的等級範圍不需變動，所以使用者可按下「F4」鍵將這些不變的對照位址固定起來之後，再以滑鼠拖曳此儲存格的填滿控點將此公式複製到其他儲存格中即可，其成果如下：

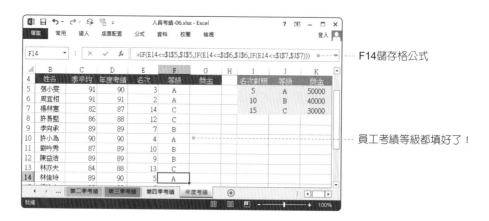

6-8 年終獎金發放

計算年終獎金的時刻終於到來！依據考績等級的好壞，將會發放不同金額的年終獎金。等級「A」的員工將會有「50000」元的年終獎金，等級「B」的員工將會有「40000」元的年終獎金，至於等級「C」的員工則只有「30000」元年終獎金。

在此範例中將以LOOKUP()函數來對照出每位員工的年終獎金，所以先讓我們來瞭解LOOKUP()函數的使用方式。

LOOKUP()函數

■ **語法**：LOOKUP(Lookup_value,Lookup_vector,Result_vector)

■ **說明**：以下表格為LOOKUP()函數中的引數說明：

引數名稱	說明
Lookup_value	搜尋的數值。可為數字、文字或邏輯值。
Lookup_vector	僅可包含單列或單欄的數值或文字，若為數值則以遞增的次序排列。
Result_vector	僅可包含單列或單欄的範圍，大小需與Lookup_vector相同。

　　瞭解LOOKUP()函數之後，接下來請開啟範例檔「人員考績-07.xlsx」，我們將以VLOOKUP()函數填入年終獎金金額。

▶ step 1

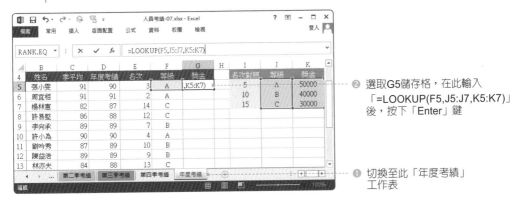

❷ 選取G5儲存格，在此輸入
「=LOOKUP(F5,J5:J7,K5:K7)」
後，按下「Enter」鍵

❶ 切換至此「年度考績」
工作表

▶ step 2

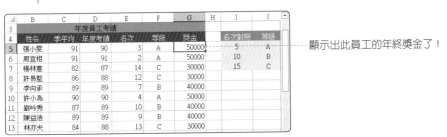

顯示出此員工的年終獎金了！

　　在G5儲存格中輸入的LOOKUP()函數，「=LOOKUP(F5,J5:J7,K5:K7)」，意義是要在「J5:J7」中找出「F5」的值，找到時傳回「K5:K7」中的數值。為了方便填入其他員工的年終獎金金額，所以將此公式中的「J5:J7」改為「$J$5:$J$7」，「K5:K7」改為「$K$5:$K$7」，然後再將公式複製到其他儲存格即可，各位可開啟範例檔「人員考績-08.xlsx」參考最後完成的檔案。

一、是非題

1. ( ) 於選取的來源資料內按下複製圖示鈕，於目的儲存格內按下貼上圖示鈕，即可完成複製/貼上指令。

2. ( ) INDEX()函數的「Row_num」引數為傳回的值位於指定範圍的第幾列。

3. ( ) INDEX()函數為統計類別函數。

4. ( ) 在Excel中，按下「F5」鍵是用來將選取的儲存格更改為「相對參照位址」。

5. ( ) 執行合併彙算時，已新增的參照位址無法刪除。

二、選擇題

1. ( ) 在Excel中，按下何鍵可用來將選取的儲存格更改為「絕對參照位址」？

(A)F4鍵   (B)F5鍵

(C)F2鍵   (D)F11鍵

2. ( ) LOOKUP()函數為哪一類別函數？

(A)檢視與參照   (B)統計

(C)財務   (D)資訊

3. ( ) 下列哪一圖示鈕可減少小數位數？

(A)▨   (B)▨

(C)▨   (D)▨

4. ( ) 絕對參照位址的表示方法為在欄名及列號前加上下列哪一符號？

(A)#   (B)@

(C)$ (D)&

5. ( ) 儲存格參照位址可區分為？

(A)絕對參照位址   (B)相對參照位址

(C)混和參照位址   (D)以上皆是

6. ( ) 加總工具鈕可進行哪些運算？

(A)加總   (B)平均

(C)最大值   (D)以上皆是

7. ( ) 統計函數中不包含哪一項？

(A)AVERAGE()　　　　　　　　(B)MIN()

(C)PMT()　　　　　　　　　　(D)STDEV()

三、實作題

1. 請開啓範例檔「人員考績-09.xlsx」。

將「缺勤記錄」工作表的學生座號及姓名，複製到「10月份表現」工作表中。

2. 延續上述範例，請依序完成以下要求：

- 請在「10月份表現」工作表的「缺勤記錄」欄位中使用INDEX()函數，以「缺勤記錄」工作表的10月份缺勤記錄為指定範圍，參照出每位學生10月份的缺勤記錄。

- 使用IF()函數，設定此月份的出勤總點數為「30」，以「出勤總點數」減去「缺勤點數」，就是這個月的「出勤點數」，如果「出勤點數」小於「0」，則在此「出勤點數」欄位中會顯示「開除」二字。

- 隨意填入每位學生的月考成績，請依照以下方式計算出「月表現」成績：以「出勤點數」加上「月考成績」乘以「0.7」的總和。即出勤點數佔「30％」，而月考成績佔「70％」。

07 | 企業內部意見問卷調查

學 習 重 點

- ■ 超連結功能應用
- ■ 插入文字藝術師
- ■ 插入美工圖案
- ■ 從檔案插入圖片

隨著時代的進步，科技帶給人們的便利也愈來愈多樣化。在企業電子化愈來愈普遍的今天，相信許多公司早已使用電腦代替了大部分的人工作業。部分需釘在牆壁公佈欄的公布事項，已被網頁所取代，而公司內部各種文件的交流，也都改為以電子郵件的方式傳送，不僅節省了紙張，也省下了許多的人力資源。在本章的範例裡，即要學習如何利用企業內部網路的連結來製作意見調查、報名表，並完成統計工作。

▲國內旅遊意見調查表▲

▲國內旅遊報名表▲

▲意見調查結果▲

▲人數與費用統計表▲

7-1 製作意見調查表

製作意見調查表除了必備的主題與問題外，整體的美觀也不可忽視，因為旅遊意見調查表屬公司內部較不嚴肅的文件，若將此調查表做得較為活潑化，也可因而帶動大家愉悅的心情。請開啟範例檔「意見調查與統計-01.xlsx」：

7-1-1 插入文字藝術師

首先利用文字藝術師功能，製作公司名稱文字方塊，作為意見調查表的表頭。

▶ step 1

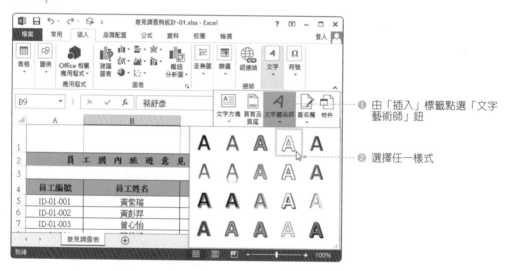

❶ 由「插入」標籤點選「文字藝術師」鈕

❷ 選擇任一樣式

▶ step 2

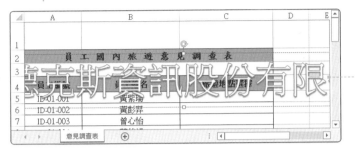

出現預設的文字藝術師文字方
塊，請直接輸入公司名稱

▶ step 3

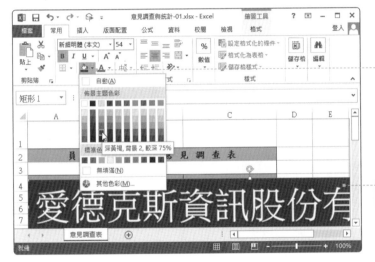

由此點選欲套用的背景
色彩

滑鼠游標指到樣式鈕
時，文字藝術師物件可
立即預覽效果

▶ step 4

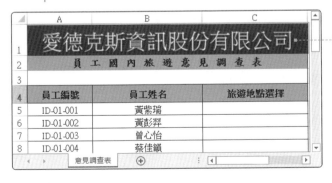

調整文字物件的大小與位置作為
表頭

完成公司名稱後，緊接著輸入此意見調查表的主題。

▶ step 1

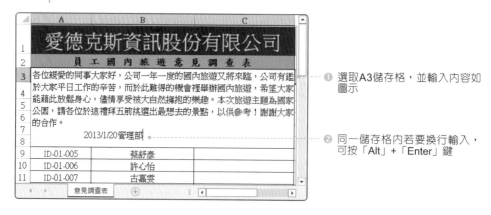

❶ 選取A3儲存格，並輸入內容如圖示

❷ 同一儲存格內若要換行輸入，可按「Alt」＋「Enter」鍵

▶ step 2

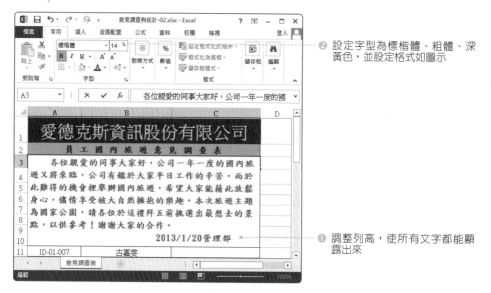

❷ 設定字型為標楷體、粗體、深黃色，並設定格式如圖示

❶ 調整列高，使所有文字都能顯露出來

7-1-2　製作下拉式選單與提示訊息

「旅遊地點選擇」請設定為下拉選單樣式，以方便填寫意見調查表者選擇：

▶ step 1

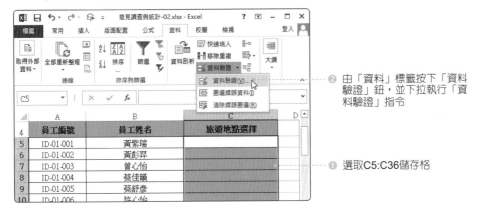

② 由「資料」標籤按下「資料驗證」鈕,並下拉執行「資料驗證」指令

❶ 選取C5:C36儲存格

▶ step 2

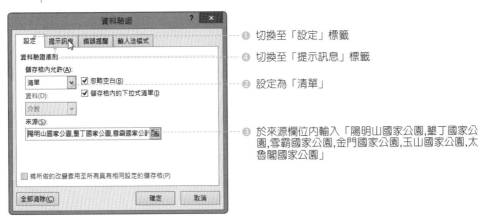

❶ 切換至「設定」標籤

④ 切換至「提示訊息」標籤

② 設定為「清單」

③ 於來源欄位內輸入「陽明山國家公園,墾丁國家公園,雪霸國家公園,金門國家公園,玉山國家公園,太魯閣國家公園」

▶ step 3

❶ 於提示訊息欄內輸入「請確實選擇想去的地點以做為統計之用」

② 按此鈕

▶ step 4

出現下拉選單鈕以供下拉選擇

當滑鼠移至旅遊地點選擇欄內，也會出現標籤，以提醒填寫者勿隨便填選

注意事項欄內亦請填入有關此次旅遊需特別注意的地方：

▶ step 1

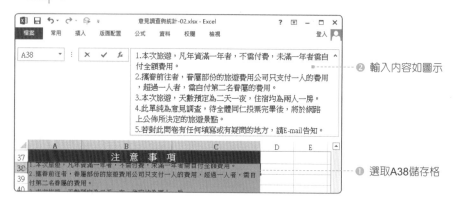

❷ 輸入內容如圖示

❶ 選取A38儲存格

▶ step 2

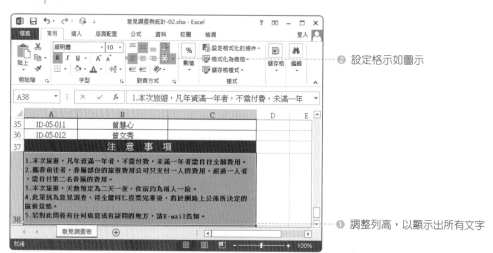

❷ 設定格示如圖示

❶ 調整列高，以顯示出所有文字

7-2 圖片插入與物件超連結

接下來我們針對圖片插入與物件超連結做說明。

7-2-1 從檔案插入圖片

於注意事項欄內插入圖片，以設定超連結至E-mail：

▶ step 1

由「插入」標籤按下「圖片」鈕

▶ step 2

❶ 選擇此圖片檔-郵筒.jpg

❷ 按此鈕插入

▶ step 3

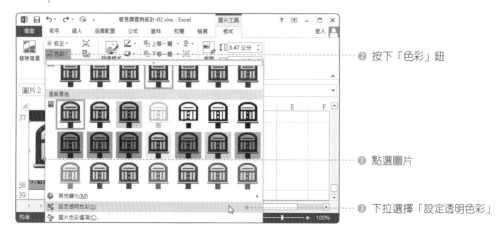

❷ 按下「色彩」鈕

❶ 點選圖片

❸ 下拉選擇「設定透明色彩」

▶ step 4

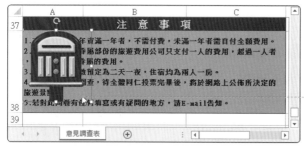

將滑鼠移到圖片白色背景處，當
滑鼠變為筆狀時按一下滑鼠左鍵
即可去背

▶ step 5

調整圖片大小並移置適當位置

7-2-2　圖片物件超連結

Excel文件除了文字可做超連結外，圖片物件也同樣可使用連結的功能。

▶ step 1

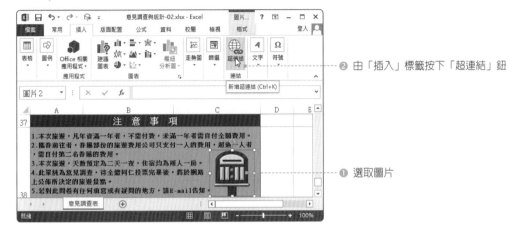

❷ 由「插入」標籤按下「超連結」鈕

❶ 選取圖片

▶ step 2

❸ 按此鈕設定提示文字

❶ 輸入電子郵件地址時會自動於前方加上mailto:

❷ 輸入主旨

▶ step 3

❶ 輸入提示文字

❷ 依序按「確定」鈕離開

▶ step 4

② 按下滑鼠左鍵

① 當滑鼠移到圖片物件上時，即會出現提示文字小標籤

▶ step 5

① 會開啟系統預設的郵件軟體，並出現已輸入收件者郵件地址與主旨的電子郵件編輯軟體畫面

② 輸入內容後，按此鈕以傳送

若要選取已設定超連結的圖片物件，可按滑鼠右鍵選取。

7-3　保護活頁簿

調查表的製作工作完畢後，即可傳送此調查表讓所有員工加以填寫，在傳送之前，為避免調查表格式或部分內容被不小心的員工給刪除掉了，所以先對此調查表作一保護的動作。請開啟範例檔「意見調查與統計-02.xlsx」：

▶ step 1

由「校閱」標籤按下「允許
使用者編輯範圍」鈕

▶ step 2

按下此鈕

▶ step 3

按下此折疊鈕

▶ step 4

❷ 按下此鈕

❶ 選取C5:C36儲存格

▶ step 5

按此鈕確定

▶ step 6

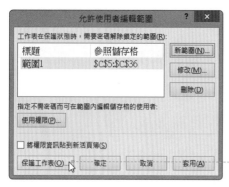

按下此鈕保護工作表

▶ step 7

▶ step 8

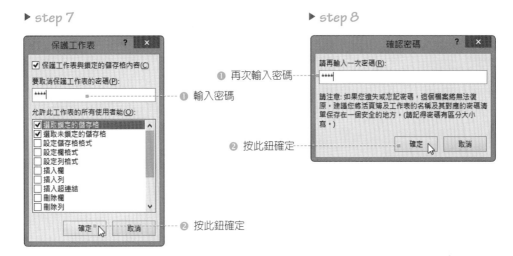

設定保護後，現在此份意見調查表只能對剛所選取的欄位進行填選或修改的動作，若欲對其它的欄位進行刪除或更改的動作，則會出現如下對話框：

如此一來，即可放心將此調查表開放給其它員工使用了。

7-4 共用活頁簿

保護活頁簿的設定完成後，便可將調查表放在公司內部網路上以供所有員工填選：

▶ step 1

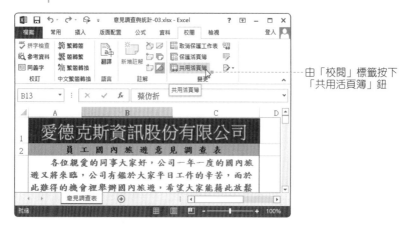

由「校閱」標籤按下
「共用活頁簿」鈕

▶ step 2

❶ 勾選此核取方塊

此處可看到只有自己在使用此活頁簿

❷ 按此鈕

▶ step 3

按下「確定」鈕

▶ step 4

於標題列加上「共用」字樣

　　接下來只要確定區域網路連線作業正常，且將此活頁簿所在的資料夾分享出去，如此一來，所有員工即能存取這份調查表。

　　當員工都已填選自己想去的地方後，即可取消活頁簿的共用：

▶ step 1

按下「共用活頁簿」鈕

▶ step 2

❶ 取消此核取方塊的勾選

❷ 按「確定」鈕

▶ step 3

按下「是」鈕

▶ step 4

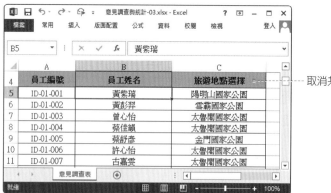

取消共用活頁簿了

調查工作完成，即可取消保護活頁簿的功能，以便做其它的修改：

▶ step 1

按此鈕取消保護工作表

▶ step 2

❶ 輸入密碼
❷ 按此鈕

7-5 意見調查結果統計與COUNTIF()函數

意見調查表經過一段時間填寫之後，就要開始進行統計的工作，真想快點知道這次旅遊到底是要在哪個地點舉辦。

7-5-1 COUNTIF()函數說明

善用Excel的 COUNTIF()函數，可以快速統計各旅遊地點的支持度，答案就要揭曉了！

COUNTIF()函數

■ 語法：COUNTIF(range,criteria)

■ 說明：COUNTIF()函數主要是用來計算某範圍內符合篩選條件的儲存格個數。相關引數說明如下：

引數名稱	說明
Range	計算指定條件儲存格的範圍。
Criteria	此為比較條件，可為數值、文字或是儲存格，用以指定哪些儲存格會被計算。

請開啟範例檔「意見調查與統計-03.xlsx」：

▶ step 1

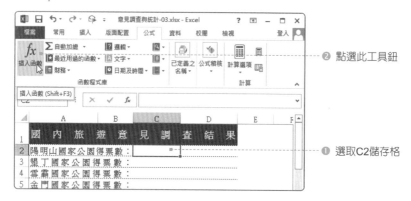

　❷ 點選此工具鈕

　❶ 選取C2儲存格

▶ step 2

　❶ 設定為「統計」

　❷ 選擇「COUNTIF」函數

　❸ 按此鈕確定

▶ step 3

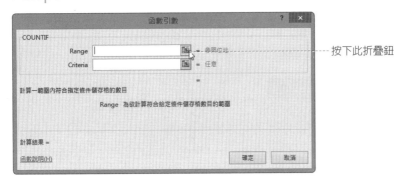

按下此折疊鈕

▶ step 4

❷ 選取C5:C36儲存格,並按下**F4**鍵將相對位址改為絕對位址

❸ 按下此折疊鈕

❶ 切換至「意見調查表」工作表

▶ step 5

❶ 於此欄內輸入「"陽明山國家公園"」

❷ 按此鈕

▶ step 6

拖曳C2儲存格填滿控點至C7

▶ step 7

❷ 於資料欄位內將「陽明山
國家公園」改為「墾丁國
家公園」

❶ 選取C3儲存格

其它各欄位請依照步驟7做修改即可。

當得票數最高者出現時，只要將該地點輸入本次旅遊地點即可。

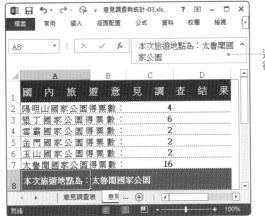

選取A8儲存格資料欄位內輸入最高
得票者

7-5-2 插入美工圖案

為表示一下慶祝之意，可在調查結果表裡加上與慶祝有關的美工圖案，即
可顯得更加生動。

▶ step 1

按下「插入」標籤中的
「線上圖片」鈕

▶ step 2

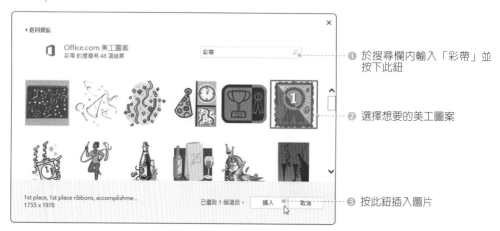

❶ 於搜尋欄內輸入「彩帶」並按下此鈕

❷ 選擇想要的美工圖案

❸ 按此鈕插入圖片

▶ step 3

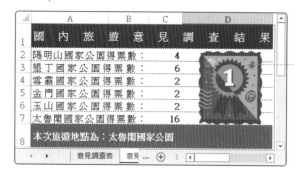

顯示選擇插入的物件，最後調整圖案物件的大小並移至適當位置

7-6　製作報名表

　　調查結果出爐後，就可開始動手製作報名表，以收集所有要參加此次旅遊的員工資料與人數。請開啟範例檔「意見調查與統計-04.xlsx」：

▶ step 1

❷ 按下「資料驗證」鈕,並執行此指令

❶ 選取C5:C36儲存格

▶ step 2

❶ 切換至此標籤

❷ 設定為「清單」

❸ 於來源欄內輸入「是,否」

❹ 按此鈕確定

▶ step 3

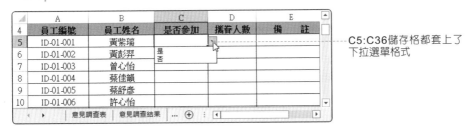

C5:C36儲存格都套上了下拉選單格式

7-6-1　連結現存的檔案

　　既然是旅遊報名表，那麼就應該列出旅遊相關行程以供報名者參考。在本章範例裡，已用 Word 製作了一份旅遊行程供連結：

▶ step 1

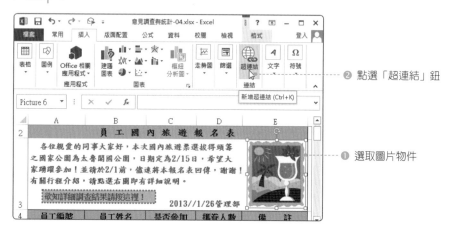

❷ 點選「超連結」鈕

❶ 選取圖片物件

▶ step 2

❸ 按下「工具提示」鈕

❶ 設定為「現存的檔案或網頁」

❷ 選取行程介紹-行程介紹.doc

▶ step 3

❶ 輸入提示文字

❷ 按此鈕

▶ step 4

───── 按「確定」鈕

▶ step 5

┄┄┄ 當滑鼠移到圖片物件上，呈現手指形狀即表示有超連結的功能，按一下左鍵

┄┄┄ 當滑鼠移到圖片物件上，出現提示標籤

▶ step 6

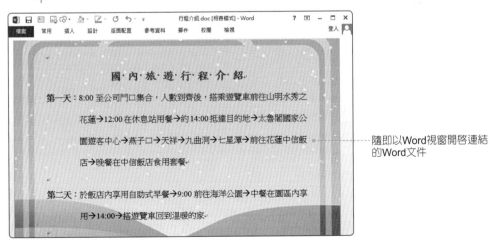

┄┄┄ 隨即以Word視窗開啟連結的Word文件

7-6-2　連結同一活頁簿內的工作表

　　為了方便所有參與投票的人知道此次票選的情況，可另設連結至意見調查結果的工作表：

▶ step 1

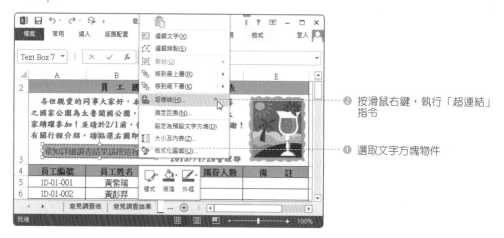

　❷ 按滑鼠右鍵，執行「超連結」指令

　❶ 選取文字方塊物件

▶ step 2

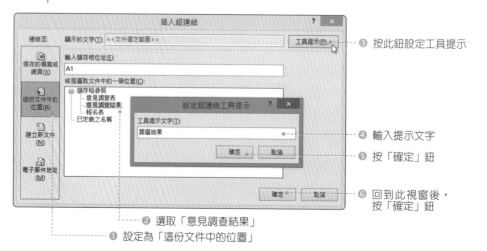

　❸ 按此鈕設定工具提示

　❹ 輸入提示文字

　❺ 按「確定」鈕

　❻ 回到此視窗後，按「確定」鈕

　❷ 選取「意見調查結果」

　❶ 設定為「這份文件中的位置」

▶ step 3

將滑鼠移到文字方塊物件上並按下
滑鼠左鍵

▶ step 4

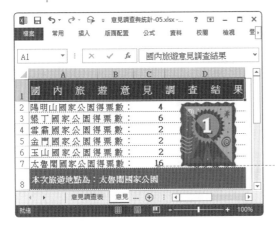

馬上移到「意見調查結果」工作表

▶ step 5

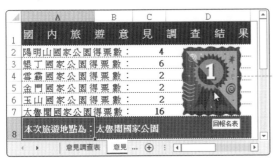

請依相同步驟將「意見調查結果」
工作表內的圖片物件設定連結至報
名表

7-6-3　用E-mail方式共用活頁簿

　　共用活頁簿的方法除了可在區域網路上以共享資源的方式讓其它人加以編輯外，使用E-mail的方式也可達到相同的效果。請開啟「意見調查與統計-05.xlsx」，先為報名表進行保護的動作：

▶ step 1

❷ 點選「允許使用者編輯範圍」指令

❶ 選取C5:D36儲存格

▶ step 2

按下此鈕

▶ step 3

確認範圍後按下此鈕

▶ step 4

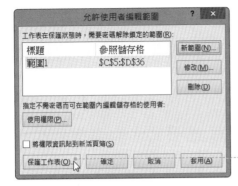

········· 按下此鈕保護工作表

▶ step 5

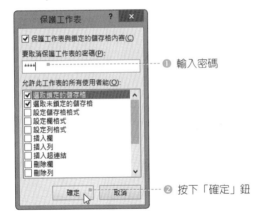

········· ❶ 輸入密碼

········· ❷ 按下「確定」鈕

▶ step 6

········· ❶ 再次輸入密碼

········· ❷ 按下此鈕

保護設定成後，即可將此報名表寄出以供他人填寫：

▶ step 1

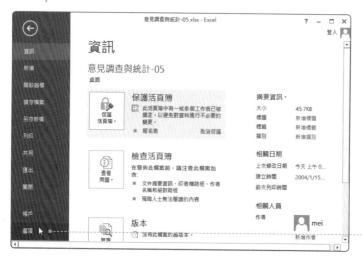

按下「檔案」標籤，並點選「選項」功能

▶ step 2

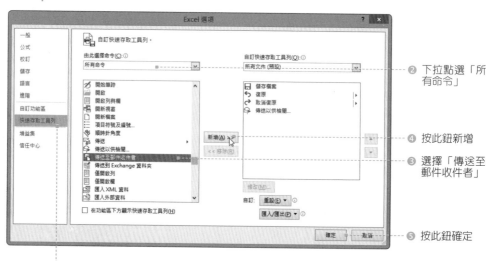

❷ 下拉點選「所有命令」

❹ 按此鈕新增

❸ 選擇「傳送至郵件收件者」

❺ 按此鈕確定

❶ 選此項

▶ step 3

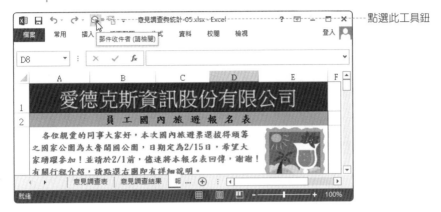

點選此工具鈕

▶ step 4

按下此鈕以儲存
共用活頁簿

▶ step 5

❶ 以相同的檔案名稱覆蓋
儲存

❷ 按下此鈕儲存

▶ step 6

─── 按下「是」鈕

▶ step 7

❸ 按此鈕以傳送共用活頁簿

❶ 開啓郵件程式，輸入所有收件員工郵件位址

❷ 更改主旨與信函內容

7-7 報名結果統計與費用計算

　　因本次旅遊的費用並不是所有計費方式都一樣，而是依照年資與攜伴人數為基礎來做計算的標準，在本節的範例裡，即要學習如何計算旅遊費用與人數統計的工作。

7-7-1 旅遊費用的計算

　　又到了大展Excel函數功能的時候了，或許計算附有多種條件的數學題目對許多人來說是件非常頭痛的問題，但只要善用Excel各項函數，所有的難題都可迎刃而解。請開啓「意見調查與統計6-06.xlsx」，先於表格內填上各員工參加旅遊的意願與攜眷人數才能開始計算各費用：

▶ step 1

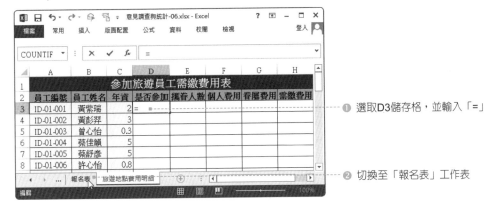

❶ 選取D3儲存格，並輸入「=」

❷ 切換至「報名表」工作表

▶ step 2

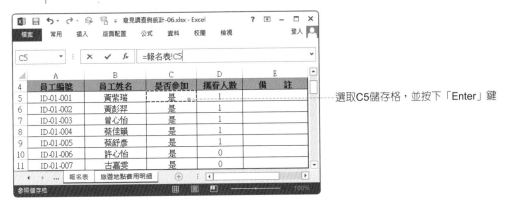

選取C5儲存格，並按下「Enter」鍵

▶ step 3

❶ 於旅遊地點費用明細表D3欄內自動輸入「是」

❷ 下拉填滿控點至D34，即可將各員工的參加意願填入儲存格

　　除了使用「=」參照是否參加員工旅遊外，也可利用VLOOKUP()函數，接下來就以攜眷人數欄位的資料，利用VLOOKUP()函數，即可快速又精準的輸入該數值。

▶ **step 1**

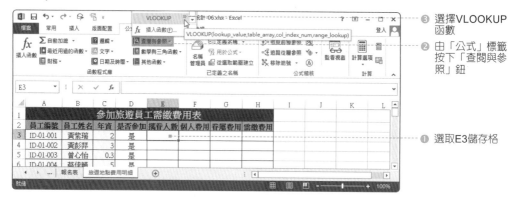

❸ 選擇VLOOKUP
函數

❷ 由「公式」標籤
按下「查閱與參
照」鈕

❶ 選取E3儲存格

▶ **step 2**

❶ 輸入VLOOKUP函數引數
如圖示

❷ 按「確定」鈕

▶ **step 3**

❶ E3欄內已輸入了該名員工的
攜眷人數，請選取E3儲存格

❷ 下拉填滿控點至F34，讓各
儲存格可參照儲存格公式

完成這兩欄必需資料後，即可開始做旅遊費用的計算了。在個人費用與眷屬費用的計算裡，需運用到IF()函數與AND()函數，在這裡先對此二函數再做個說明：

IF()函數

■ 語法：IF(Logical_test,Value_if_true,Value_if_false)

■ 說明：IF()函數可用來測試數值和公式條件，並傳回不同的結果，相關引數說明如下：

引數名稱	說明
Logical_test	此為判斷式。用來判斷測試條件是否成立。
Value_if_true	此為條件成立時，所執行的程序。
Value_if_false	此為條件不成立時，所執行的程序。

AND()函數

■ 語法：AND(Logical1,Logical2,…)

■ 說明：AND()函數裡如果所有的引數都是TRUE 就傳回 TRUE；若有一或多個引數是 FALSE 則傳回FALSE

引數名稱	說明
Logical1, Logical2	欲測試的 1 到 30 個條件，可能是TRUE或FALSE。

進行算式函數前，請先分別定義以下三個範圍名稱：

定義名稱	範圍
年資	=旅遊地點費用明細!$C$3:$C$34
參加意願	=旅遊地點費用明細!$D$3:$D$34
攜眷人數	=旅遊地點費用明細!$E$3:$E$34

接下來，我們來計算每位員工的個人旅遊費用。

▶ step 1

❸ 下拉選擇此指令

❷ 選取C2:E34儲存格

❶ 切換到此工作表

▶ step 2

❶ 勾選此項

❷ 按「確定」鈕

▶ step 3

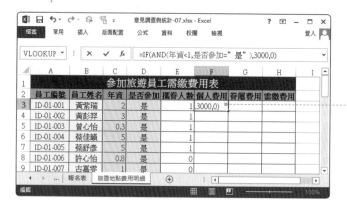

選取 F3 儲存格，並輸入「=IF(AND(年資<1,是否參加="是"),3000,0)」

上述範例中，所用的公式為「IF(AND(年資<1,參加意願="是"),3000,0)」，IF 函數的意思為假如 AND(年資<1,參加意願="是")的條件成立的話，那就在作用儲存格填入 3000，條件不成立的話，就填入 0。而內部 AND 函數的意思為年資必需小於 1 且參加意願也必需等於 "是 "才能成立。

接下來計算每位員工的眷屬旅遊費用。

▶ step 1

❷ 輸入「=IF(年資<1,攜眷人數*3000,IF(攜眷人數>1,(攜眷人數-1)*3000,0))」

❶ 選取 G3 儲存格

▶ step 2

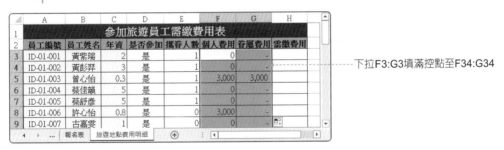

下拉 F3:G3 填滿控點至 F34:G34

上述範例所用的公式為：「IF(年資<1,攜眷人數*3000,IF(攜眷人數>1,(攜眷人數-1)*3000,0))」。外部 IF 函數的意思為假如年資<1 的條件成立的話，那就在作用儲存格中執行攜眷人數*3000 的算式，反之，則執行 (IF(攜眷人數>1,(攜眷人數-1)*3000,0))。而內部 IF() 函數的意思則為假如攜眷人數>1，那麼就在作用儲存格中執行 (攜眷人數-1)*3000 的算式，反之則在作用儲存格中輸入 0。

算出個人費用與眷屬費用後，再將此兩者的費用加總即可完成旅遊費用的合計。

▶ step 1

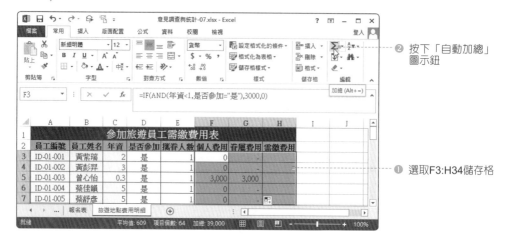

❷ 按下「自動加總」圖示鈕

❶ 選取F3:H34儲存格

▶ step 2

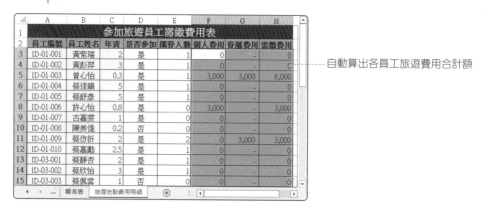

自動算出各員工旅遊費用合計額

7-7-2　人數統計

最後統計出參加的人數，就可以開始為員工旅遊做行前的準備工作。

▶ step 1

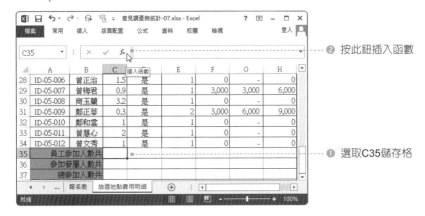

❷ 按此鈕插入函數

❶ 選取C35儲存格

▶ step 2

❶ 設定為「統計」

❷ 選擇COUNTIF函數

❸ 按下此鈕

▶ step 3

❶ 輸入「是否參加」

❷ 輸入「是」

❸ 按此鈕確定

▶ step 4

❶ 算出參加旅遊員工人數

❷ 取C36儲存格，並輸入「=SUM(攜眷人數)」後按下Enter鍵

▶ step 5

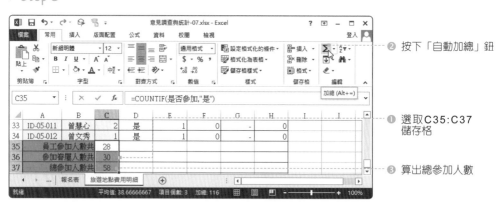

❷ 按下「自動加總」鈕

❶ 選取C35:C37儲存格

❸ 算出總參加人數

完成人數統計與費用的計算後，此次的國內旅遊作業即可完成。

一、是非題

1. (　) 透過傳送活頁簿附件的方式，可將活頁簿設為「請檢閱」檔案，讓收件者接獲活頁簿郵件並編修工作表內容後將變更的郵件回寄給寄件者，再由寄件者將寄回的資料一併彙整。

2. (　) 若要於同一儲存格做換行的動作，可按「Alt」+「Enter」鍵來完成此需求。

3. (　) 由「資料」標籤按下「資料驗證」鈕，當設定為「清單」樣式時，若於來源欄內直接輸入來源文字，需注意當輸入一個以上的來源時，需以「半型」逗點隔開。

4. (　) Excel可插入預設的美工圖案，但無法插入外部的圖片或圖案。

5. (　) 於Excel工作表插入的圖片也可使用超連結功能。

二、選擇題

1. (　) 下列何者並非用E-mail傳送活頁簿的方法？

(A)將部分儲存格範圍或工作表當作郵件內文傳送

(B)將整個活頁簿當附件檔案傳送

(C)將活頁簿以「請檢閱」的方式傳送

(D)將郵件以網頁格式傳送

2. (　) 下列關於超連結的敘述何者為非？

(A)已設置超連結的文字或圖片也可按右鍵來選擇刪除或編輯超連結

(B)「插入」標籤的「超連結」鈕，可為工作表上的文字或圖片設置超連結

(C)設置超連結後，會自動出現Web工具列，方便超連結的往返操作

(D)只有點選「插入」標籤下的「超連結」鈕，才可開啟「插入超連結」對話

3. (　) 超連結的標的為下列何者？

(A)同一活頁簿的另一張工作表　　(B)不同的活頁簿檔案

(C)其它相關軟體的檔案　　　　　(D)以上皆是

4. (　) 下列關於COUNTIF()函數的敘述何者有誤？

(A)用來計算某範圍內符合篩選條件的儲存格個數

(B)屬數學與三角函數類別函數

(C)引數range為欲計算指定條件儲存格的範圍

(D)引數criteria用以指定那些儲存格會被計算

5. ( )　若欲插入外部jpg檔圖片,可按下哪一圖示鈕?

(A) 　　　　　　　　(B)

(C)　　　　　　　　　　　　(D)

三、實作題

1.　請開啟範例檔「聚餐意見調查表.xlsx」,並製作成如下圖示的結果。

- 插入「餐飲.jpg」圖片檔

- 請於聚餐地點選擇如圖示內容

- 請插入文字藝術師如圖示

2. 延續上題，請於「意見調查結果」工作表內，算出各聚餐地點的人數並插入線上圖片。(請於插入美工圖案搜尋欄內輸入food即可找到此圖片)

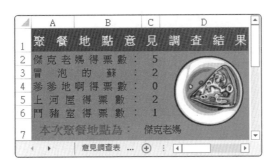

3. 請於兩個工作表內的圖片設置其超連結為可互相連結並出現如下圖示的提示文字。

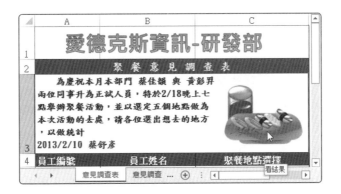

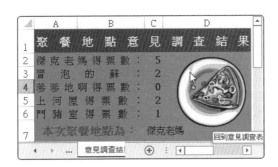

08 應收應付票據總管理

 學 習 重 點

- 定義範圍名稱
- NOW()、IF()及AND()函數
- 凍結窗格
- 建立應收、應付票據票齡分析
- 建立應收、應付票據樞紐分析表

　　應收票據的主要來源為公司提供勞務或商品予買方，買方所開立需於特定日期或時間內，無條件支付一定金額的票據。良好的票據控管，可有效提高公司資金的運轉。在本章的範例裡，將詳細介紹如何製作票據管理與查詢的工作，讓您隨時隨地都能有效控管票據狀況。

Excel 2013

 範 例 成 果

▲ 應收票據管理表 ▲

▲ 應收票據查詢 ▲

▲ 應付票據管理表 ▲

▲ 應付票據查詢 ▲

8-1 應收票據票齡管理建立

收到客戶的票據時,第一步所就是記錄客戶名稱、票據號碼、金額、票據到期日等等資料,待票據到期日一到,則拿至銀行兌現,並核銷票據記錄。但票據的到期日每張都不盡相同,反覆來往銀行可得浪費不少時間。若能將到期日相近的票據做統計,再一次前往銀行處理,則可讓此部分的工作更有效率。在本節裡,將介紹讓相近票齡的票據排排站的方法,讓您對各票據票齡一目了然。

8-1-1 定義客戶資料

▶ step 1

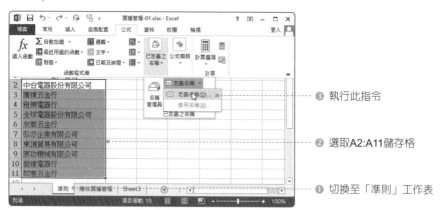

❸ 執行此指令

❷ 選取A2:A11儲存格

❶ 切換至「準則」工作表

▶ step 2

❶ 輸入定義名稱「客戶名稱」

❷ 按此鈕新增

▶ step 3

在此出現新增的定義名稱

8-1-2 製作客戶名稱下拉選單

當客戶資料定義完成後，請切換到「應收票據管理」工作表，製作客戶名稱下拉式選單，方便日後資料處理。

▶ step 1

❸ 執行此指令

❷ 選取A6:A26儲存格

❶ 切換至「應收票據管理」工作表

▶ step 2

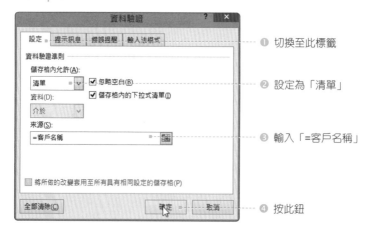

❶ 切換至此標籤

❷ 設定為「清單」

❸ 輸入「=客戶名稱」

❹ 按此鈕

▶ step 3

於此欄內的任一儲存格出現客戶名稱下拉式選單

請自行輸入應收票據相關資料，練習使用下拉客戶選單。

8-1-3　應收票據票齡計算

完成輸入表格資料後，接下來再設定公式計算的部分，就可以輕鬆使用應收票據票齡管理表格，管理繁雜的應收票據。進行公式設定前，先認識會使用到的函數：

IF()函數

- **語法**：IF(Logical_test,Value_if_true,Value_if_false)

- **說明**：IF()函數可用來測試數值和公式條件，並傳回不同的結果，相關引數說明如下：

引數名稱	說明
Logical_test	此為判斷式。用來判斷測試條件是否成立。
Value_if_true	此為條件成立時，所執行的程序。
Value_if_false	此為條件不成立時，所執行的程序。

AND()函數

- **語法**：AND(Logical1,Logical2,…)

- **說明**：AND()函數裡如果所有的引數都是TRUE 就傳回 TRUE；若有一或多個引數是 FALSE 則傳回FALSE

引數名稱	說明
Logical1, Logical2	欲測試的 1 到 30 個條件，可能是TRUE或FALSE。

NOW()函數

- **說明**：傳回目前日期與時間的序列號碼，如果儲存格格式為「通用」，則結果的格式會是日期格式。

　　接著開啟範例檔「票據管理-02.xlsx」，先定義「票據金額」與「到期日」，再設定日期，最後就進行輸入票據票齡的計算公式。

範例 設定票據票齡算式

▶ step 1

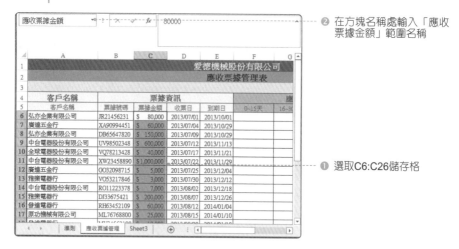

❷ 在方塊名稱處輸入「應收票據金額」範圍名稱

❶ 選取C6:C26儲存格

▶ step 2

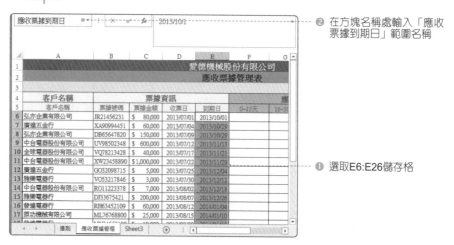

❷ 在方塊名稱處輸入「應收票據到期日」範圍名稱

❶ 選取E6:E26儲存格

▶ step 3

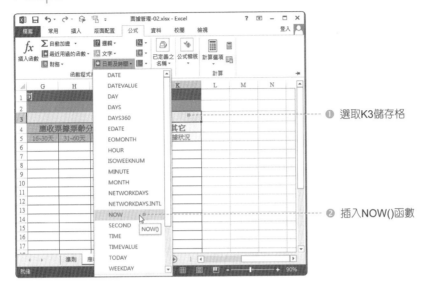

❶ 選取K3儲存格

❷ 插入NOW()函數

▶ step 4

按「確定」鈕

▶ step 5

選取F6儲存格並在此輸入「=IF(應收票據到期日="","",IF(應收票據到期日-$K$3<=15,應收票據金額,""))」後,按下Enter鍵

▶ step 6

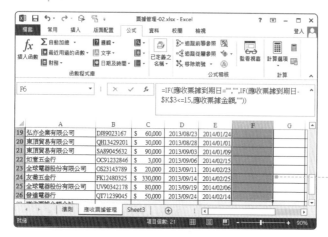

選取F6儲存格，拖曳填滿控點複製公式至F26儲存格

另外分別於其它天數欄位內，輸入如下公式並重覆步驟2的動作：

■ **16~30天**=IF(應收票據到期日="","",IF(AND(應收票據到期日-$K$3>15,應收票據到期日-$K$3<=30),應收票據金額,""))

■ **31~60天**=IF(應收票據到期日="","",IF(AND(應收票據到期日-$K$3>30,應收票據到期日-$K$3<=60),應收票據金額,""))

■ **61~90天**=IF(應收票據到期日="","",IF(AND(應收票據到期日-$K$3>60,應收票據到期日-$K$3<=90),應收票據金額,""))

■ **90天以上**=IF(應收票據到期日="","",IF(應收票據到期日-$K$3>90,應收票據金額,""))

以下為各儲存格公式說明：

F6	儲存格公式為「=IF(應收票據到期日="","",IF(應收票據到期日-$K$3<=15,應收票據金額,""))」此公式的意思為：假如「應收票據到期日=""」的條件成立，將會於儲存格內輸入「""」(""代表無資料)，若條件不成立，則將執行「IF(應收票據到期日-$K$3<=15,應收票據金額,"")」。內部的IF函數公式意思為：假如「應收票據到期日-$K$3<=15」的條件成立的話，將於儲存格內輸入「應收票據金額」，條件若不成立，則於儲存格內輸入「""」。

G6	儲存格公式為「=IF(應收票據到期日="","",IF(AND(應收票據到期日-$K$3>15,應收票據到期日-$K$3<=30),應收票據金額,""))」此公式的意思為：假如「應收票據到期日=""」的條件成立，將會於儲存格內輸入「""」，若條件不成立，則將執行「IF(AND(應收票據到期日-$K$3>15,應收票據到期日-$K$3<=30),應收票據金額,"")」。內部的IF函數公式意思為：假如「AND(應收票據到期日-$K$3>15,應收票據到期日-$K$3<=30)」條件成立的話，則於儲存格內輸入「應收票據金額」，條件若不成立，則於儲存格內輸入「""」。AND函數公式的意思為：應收票據到期日-$K$3需大於15且應收票據到期日-$K$3也必需小於或等於30。
H6	儲存格公式為「=IF(應收票據到期日="","",IF(AND(應收票據到期日-$K$3>30,應收票據到期日-$K$3<=60),應收票據金額,""))」此公式的意思為：假如「應收票據到期日=""」的條件成立，將會於儲存格內輸入「""」，若條件不成立，則將執行「IF(AND(應收票據到期日-$K$3>30,應收票據到期日-$K$3<=60),應收票據金額,"")」。內部的IF函數公式意思為：假如「AND(應收票據到期日-$K$3>30,應收票據到期日-$K$3<=60)」條件成立的話，則於儲存格內輸入「應收票據金額」，條件若不成立，則於儲存格內輸入「""」。AND函數公式的意思為：應收票據到期日-$K$3需大於30且應收票據到期日-$K$3也必需小於或等於60。
I6	儲存格公式為「=IF(應收票據到期日="","",IF(AND(應收票據到期日-$K$3>60,應收票據到期日-$K$3<=90),應收票據金額,""))」此公式的意思為：假如「應收票據到期日=""」的條件成立，將會於儲存格內輸入「""」，若條件不成立，則將執行「IF(AND(應收票據到期日-$K$3>60,應收票據到期日-$K$3<=90),應收票據金額,"")」。內部的IF函數公式意思為：假如「AND(應收票據到期日-$K$3>60,應收票據到期日-$K$3<=90)」條件成立的話，則於儲存格內輸入「應收票據金額」，條件若不成立，則於儲存格內輸入「""」。AND函數公式的意思為：應收票據到期日-$K$3需大於60且應收票據到期日-$K$3也必需小於或等於90。
J6	儲存格公式為「=IF(應收票據到期日="","",IF(應收票據到期日-$K$3>90,應收票據金額,""))」此公式的意思為：假如「應收票據到期日=""」的條件成立，將會於儲存格內輸入「""」(""代表無資料)，若條件不成立，則將執行「IF(應收票據到期日-$K$3>90,應收票據金額,"")」。內部的IF函數公式意思為：假如「應收票據到期日-$K$3>90」的條件成立的話，將於儲存格內輸入「應收票據金額」，條件若不成立，則於儲存格內輸入「""」。

待公式輸入完成後，應收票據票齡分析會呈現如下圖示內容：

	A	B	C	D	E	F	G	H	I	J	K
2	應收票據管理表										
3										日期	2013/9/15
4	客戶名稱	票據資訊				應收票據票齡分析					其它
5	客戶名稱	票據號碼	票據金額	收票日	到期日	0~15天	16~30天	31~60天	61~90天	90天以上	票據狀況
6	弘亦企業有限公司	JR21456231	$ 80,000	2013/07/01	2013/10/01		$ 80,000				
7	廣達五金行	XA90994451	$ 60,000	2013/07/04	2013/10/29			$ 60,000			
8	弘亦企業有限公司	DB65647820	$ 150,000	2013/07/09	2013/10/29			$ 150,000			
9	中台電器股份有限公司	UV98502348	$ 600,000	2013/07/12	2013/11/13			$ 600,000			
10	全球電器股份有限公司	VQ78213428	$ 40,000	2013/07/17	2013/11/21				$ 40,000		
11	中台電器股份有限公司	XW23458890	$1,000,000	2013/07/22	2013/11/29				$ 1,000,000		
12	廣達五金行	GO32098715	$ 5,000	2013/07/25	2013/12/04				$ 5,000		
13	雅樂電器行	VO53217846	$ 3,000	2013/07/30	2013/12/12				$ 3,000		
14	中台電器股份有限公司	RO11223378	$ 7,000	2013/08/02	2013/12/18					$ 7,000	
15	雅樂電器行	DJ33675421	$ 200,000	2013/08/07	2013/12/26					$ 200,000	
16	發達電器行	RH63452109	$ 60,000	2013/08/12	2014/01/04					$ 60,000	
17	原功機械有限公司	ML76768800	$ 25,000	2013/08/15	2014/01/10					$ 25,000	
18	發達電器行	MV34562198	$ 10,000	2013/08/20	2014/01/18					$ 10,000	
19	弘亦企業有限公司	DJ89023167	$ 60,000	2013/08/23	2014/01/24					$ 60,000	
20	東頂貿易有限公司	QH13429201	$ 30,000	2013/08/28	2014/01/01					$ 30,000	
21	東頂貿易有限公司	SA89045632	$ 90,000	2013/09/03	2014/01/09					$ 90,000	
22	如意五金行	OC91232846	$ 3,000	2013/09/06	2014/02/15					$ 3,000	
23	全球電器股份有限公司	OS23143789	$ 20,000	2013/09/11	2014/02/23					$ 20,000	
24	友需五金行	FK12480325	$ 330,000	2013/09/14	2014/02/25					$ 330,000	
25	全球電器股份有限公司	UV90342178	$ 80,000	2013/09/19	2014/02/06					$ 80,000	
26	發達電器行	QT71239045	$ 50,000	2013/09/24	2014/02/14					$ 50,000	
27	應收票據金額合計										
28	應收票據金額比例										

由以上的票齡分析內容，便可清楚那張票據目前的票齡狀況為何。

8-1-4 計算應收票據合計額

請開啟範例檔「票據管理-03.xlsx」，將票據及各票齡金額做一合計。

▶ step 1

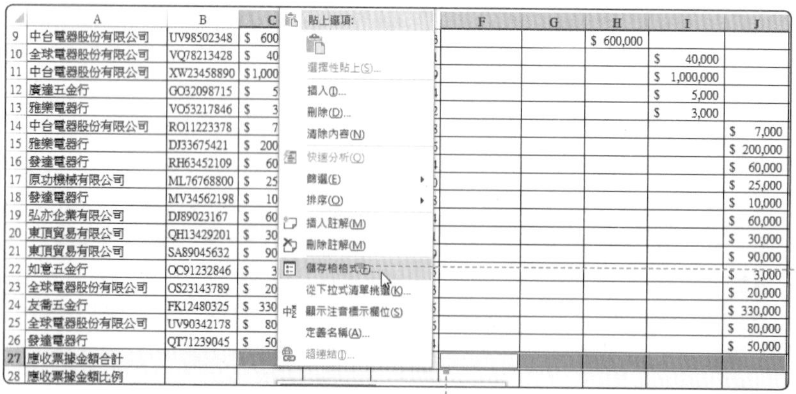

❷ 執行此指令

❶ 選取C27及F27:J27儲存格

▶ step 2

❶ 切換至「數值」索引標籤

❸ 設定小數位數為「0」，符號為「$」

❷ 選擇「會計專用」

❹ 按此鈕

▶ step 3

❷ 下拉「自動加總」圖示鈕，並選擇「加總」

❶ 選取C27及F27:J27儲存格

▶ step 4

修改加總金額公
式，並複製到各
欄位

出現票據及各票
齡合計額

8-1-5　各票齡的票據應收比例

　　將各票齡總金額算出後，若能再計算出各票齡合計額占票據總額的百分比，就可對各票齡金額對總票據金額所佔的比例更為清楚。

▶ step 1

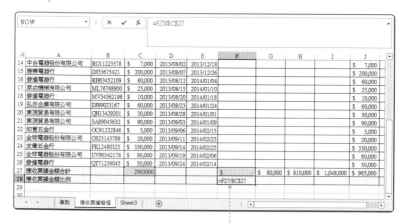

選取F28儲存格，並輸入「=F27/$C$27」
後按下Enter鍵

▶ step 2

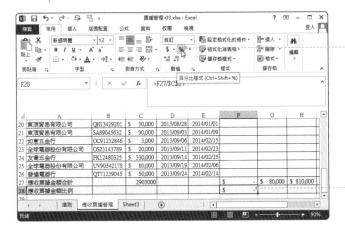

❷ 按執行此指令設定儲存格格式

❶ 出現比例值,此處本欄加總值為0

▶ step 3

按此鈕2次增加小數位數欄

顯示百分比

▶ step 4

平均值更改為百分比樣式後,以滑鼠拖曳此儲存格的填滿控點鈕至J28

8-1-6　製作票據狀況下拉選單

於了解各票據票齡情形後，我們要再另外製作一票據狀況的下拉式選單，好隨時都能知道是否有已到期的票據，卻還未兌現。請開啓範例檔「票據管理-04.xlsx」：

▶ **step 1**

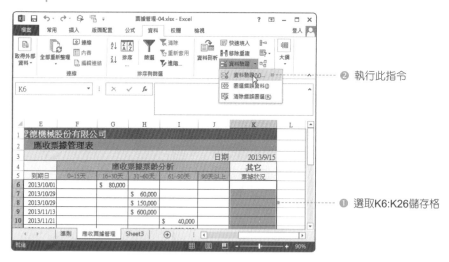

❷ 執行此指令

❶ 選取K6:K26儲存格

▶ **step 2**

❶ 切換至「設定」索引標籤

❷ 設定為「清單」

❸ 於來源欄內輸入「已兌現,未兌現」

❹ 按此鈕

▶ step 3

請於票據狀況欄的下拉選單裡，分別替這所有票據標示為「未兌現」如下圖：

完成上個步驟後，此票據管理表可說是已經完成了。但每次要看最近收到的票據(表格愈底下的票據資料愈新)資料時，總要不停地上下轉動捲軸，才能知道某一儲存格的欄位代表何物，實在麻煩極了！其實只要使用Excel的「凍結窗格」功能，就可解決此一問題。請開啓範例檔「票據管理-04.xlsx」：

▶ step 1

▶ step 2

此時轉動捲軸時，於第6列以上的儲存格就不會跟著往上移動了

▶ step 3

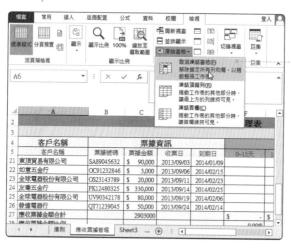

若要取消凍結窗格的功能，只要執行此一指令即可

8-2　建立應收票據樞紐分析

　　當收到的票據愈來愈多，輸入票據管理表的內容也隨著增加時，如果想單單尋找某一客戶的票據資料或想知道已兌現或未兌現的票據金額有多少時，若一筆筆的查詢，可得花掉不少時間。在本節的範例裡，將介紹製作解決此一問題的分析表。請開啓範例檔「票據管理-04.xlsx」：

▶ step 1

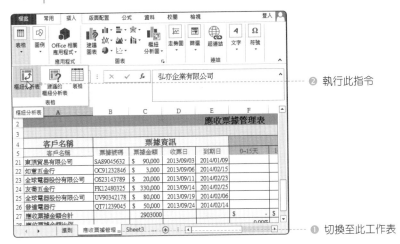

❷ 執行此指令

❶ 切換至此工作表

▶ step 2

❶ 選此項，並選取如圖示之儲存格範圍

❷ 選此項建立樞紐分析表於新工作表中

❸ 按此鈕

▶ step 3

增加「工作表1」，並出現樞紐分析表表格

請拖曳「票據狀況」到報表篩選欄位，拖曳「客戶名稱」、「收票日」、「到期日」、「票據號碼」到列標籤欄位，拖曳「票據金額」到值欄位。如下圖所示：

當樞紐分析表的大概架構完成後，再一一更改其欄位的設定使其較符合我們的需要：

▶ step 1

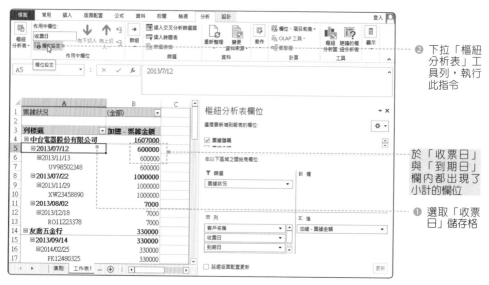

❷ 下拉「樞紐分析表」工具列，執行此指令

於「收票日」與「到期日」欄內都出現了小計的欄位

❶ 選取「收票日」儲存格

▶ step 2

❶ 選擇「無」

❷ 按此鈕

▶ step 3

「收票日」的小計欄消失了

　　選取「到期日」儲存格，並重覆1~2的步驟，取消其小計欄位。除此之外，再更改「合計欄」的格式。

▶ step 1

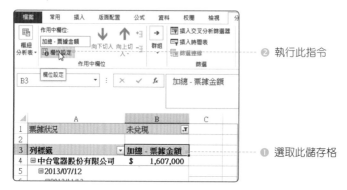

② 執行此指令

① 選取此儲存格

▶ step 2

按下此鈕

▶ step 3

① 設定為「會計專用」

② 小數位數設為「0」，符號設為「$」

③ 按此鈕

▶ step 4

———— 按此鈕

▶ step 5

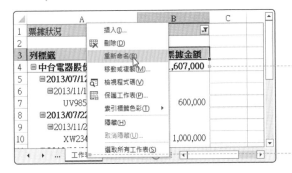

———— 金額套上了設定的格式

———— 在工作表1上按滑鼠右鍵，執行此指令

▶ step 6

———— 更改工作表名稱為「應收票據查詢」

　　完成格式的設定後，不論是要找已兌現、未兌現票據，或者是哪一客戶的票據資料，都能非常的簡單又明瞭，讓您更能有效掌握個別票據狀況！

例如：尋找「中台電器股份有限公司」
的「未兌現」票據資料

8-3　應付票據票齡管理建立

應付票據的主要來源為享受賣方所提供的勞務或商品，而開立需於特定日期或時間內，無條件支付賣方一定金額的票據。製作應付票據管理表的方式與製作應收票據管理表相同。在此，再做一簡單的介紹。

8-3-1　定義應付帳款相關資料

這一小節將定義廠商名稱、應付票據金額以及應付票據到期日的儲存格參照範圍。請開啓範例檔「票據管理-05.xlsx」：

▶ step 1

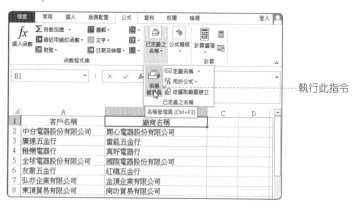

執行此指令

▶ step 2

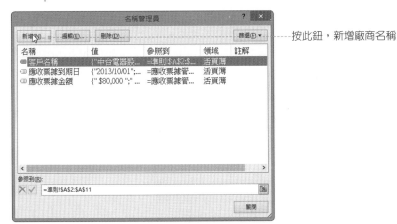

………… 按此鈕，新增廠商名稱

▶ step 3

❶ 輸入「廠商名稱」

❷ 輸入參照位置
❸ 按「確定」鈕

▶ step 4

❶ 依步驟2~3增加應付票據到
   期日及應付票據金額

❷ 按此鈕完成定義範圍名稱

8-3-2　製作廠商名稱下拉選單

延續上一個範例，利用範圍名稱製作廠商名稱的下拉式清單鈕。

▶ step 1

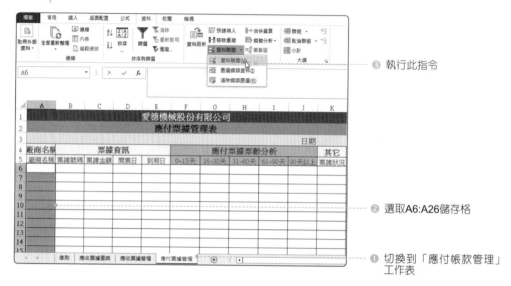

❸ 執行此指令

❷ 選取A6:A26儲存格

❶ 切換到「應付帳款管理」
工作表

▶ step 2

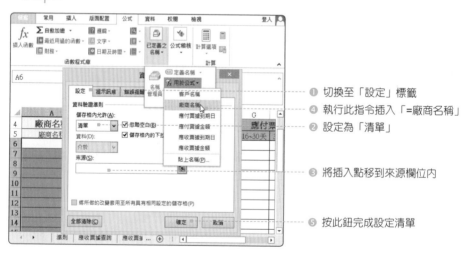

❶ 切換至「設定」標籤

❹ 執行此指令插入「=廠商名稱」

❷ 設定為「清單」

❸ 將插入點移到來源欄位內

❺ 按此鈕完成設定清單

請於應付票據管理表內輸入如下資料，或開啟範例檔「票據管理-06.xlsx」。

廠商名稱	票據資訊			
廠商名稱	票據號碼	票據金額	開票日	到期日
鬧心電器股份有限公司	ID90342170	$ 8,000	2013/08/30	2013/09/12
雷能五金行	ID90342171	$ 5,000	2013/09/06	2013/09/20
享功機械有限公司	ID90342172	$ 6,000	2013/09/13	2013/09/28
國際電器股份有限公司	ID90342173	$ 30,000	2013/09/20	2013/10/05
紅橋五金行	ID90342174	$ 900	2013/09/27	2013/10/13
金頂企業有限公司	ID90342175	$ 3,000	2013/10/04	2013/10/21
南功貿易有限公司	ID90342176	$ 2,000	2013/10/11	2013/10/29
享功機械有限公司	ID90342177	$ 3,300	2013/10/18	2013/11/07
鬧心電器股份有限公司	ID90342178	$ 7,000	2013/10/25	2013/12/15
國際電器股份有限公司	ID90342179	$ 20,000	2013/10/25	2014/02/16

8-3-3 應付票據票齡計算

接著利用公式計算應付票據的票齡,請分別於各票齡欄位內,輸入如下公
式:

■ **0~15天**=IF(應付票據到期日="","",IF(應付票據到期日-$K$3<=15,應付票據金額,""))

■ **16~30天**=IF(應付票據到期日="","",IF(AND(應付票據到期日-$K$3>15,應付票據到期日-$K$3<=30),應付票據金額,""))

■ **31~60天**=IF(應付票據到期日="","",IF(AND(應付票據到期日-$K$3>30,應付票據到期日-$K$3<=60),應付票據金額,""))

■ **61~90天**=IF(應付票據到期日="","",IF(AND(應付票據到期日-$K$3>60,應付票據到期日-$K$3<=90),應付票據金額,""))

■ **90天以上**=IF(應付票據到期日="","",IF(應付票據到期日-$K$3>90,應付票據金額,""))

▶ step 1

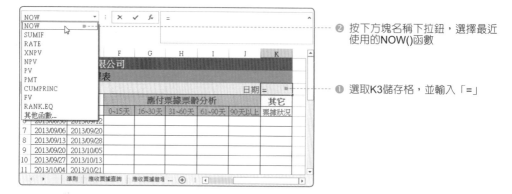

❷ 按下方塊名稱下拉鈕，選擇最近
使用的NOW()函數

❶ 選取K3儲存格，並輸入「=」

▶ step 2

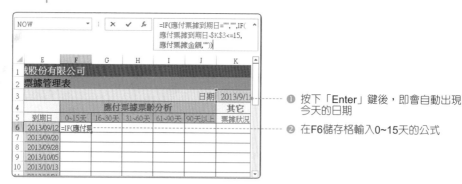

❶ 按下「Enter」鍵後，即會自動出現
今天的日期

❷ 在F6儲存格輸入0~15天的公式

▶ step 3

最後將所有票齡公式輸入完畢

8-3-4　應付票據總金額及票齡金額合計

　　選取應付票據金額及各票齡合計儲存格，並按下「自動加總」圖示鈕，即可算出應付票據合計額。請開啟範例檔「票據管理-07.xlsx」，並切換到「應付票據管理」工作表：

▶ step 1

❷ 按下「自動加總」
　 圖示鈕

❶ 選取C27及F27:J27
　 儲存格

▶ step 2

自動計算各欄合計額

8-3-5　完成應付票據管理表

接著在應付票據管理表中，分別計算出各票據票齡的應付金額比例。以及為了區分各票據是否已兌現，於票據狀況欄內加入票據狀況下拉式選單。請延續上一個範例檔。

▶ step 1

選取F28儲存格，輸入「=F27/$C$27」，並按下「Enter」鍵

	A	B	C	D	E	F	G	H
7	雷能五金行	ID90342171	$ 5,000	2013/09/06	2013/09/20	$ 5,000		
8	享功機械有限公司	ID90342172	$ 6,000	2013/09/13	2013/09/28	$ 6,000		
9	國際電器股份有限公司	ID90342173	$ 30,000	2013/09/20	2013/10/05		$ 30,000	
10	紅檜五金行	ID90342174	$ 900	2013/09/27	2013/10/13		$ 900	
11	金頂企業有限公司	ID90342175	$ 3,000	2013/10/04	2013/10/21			$ 3,000
12	南功貿易有限公司	ID90342176	$ 2,000	2013/10/11	2013/10/29			$ 2,000
13	享功機械有限公司	ID90342177	$ 3,300	2013/10/18	2013/11/07			$ 3,300
14	開心電器股份有限公司	ID90342178	$ 7,000	2013/10/25	2013/12/15			
15	國際電器股份有限公司	ID90342179	$ 20,000	2013/10/25	2014/02/16			
27	應付票據金額合計		$ 85,200			$ 19,000	$ 30,900	$ 8,300	$
28	應付票據金額比例					7/$C$27		

準則　應收票據查詢　應收票據管理　應付票據管...

▶ step 2

F	G	H	I	J
$ 6,000				
	$ 30,000			
	$ 900			
		$ 3,000		
		$ 2,000		
		$ 3,300		
			$ 7,000	
				$ 20,000
$ 19,000	$ 30,900	$ 8,300	$ 7,000	$ 20,000
22.30%	36.27%	9.74%	8.22%	23.47%

拖曳F28儲存格填滿控點至J28完成比例公式

▶ step 3

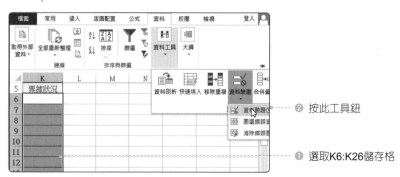

❷ 按此工具鈕

❶ 選取K6:K26儲存格

▶ step 4

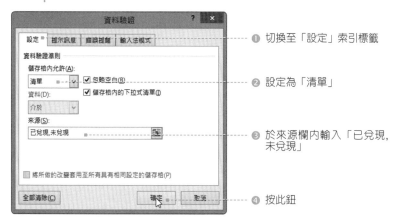

❶ 切換至「設定」索引標籤

❷ 設定為「清單」

❸ 於來源欄內輸入「已兌現,
未兌現」

❹ 按此鈕

▶ step 5

	票據資訊		應付票據票齡分析					其它
票據金額	開票日	到期日	0~15天	16~30天	31~60天	61~90天	90天以上	票據狀況
$ 8,000	2013/08/30	2013/09/12	$ 8,000					已兌現
$ 5,000	2013/09/06	2013/09/20	$ 5,000					未兌現
$ 6,000	2013/09/13	2013/09/28	$ 6,000					未兌現
$ 30,000	2013/09/20	2013/10/05		$ 30,000				未兌現
$ 900	2013/09/27	2013/10/13		$ 900				未兌現
$ 3,000	2013/10/04	2013/10/21			$ 3,000			未兌現
$ 2,000	2013/10/11	2013/10/29			$ 2,000			未兌現
$ 3,300	2013/10/18	2013/11/07			$ 3,300			未兌現

當儲存格都已設定好下
拉選單後,請分別設定
各票據狀況如圖示

8-4 建立應付票據樞紐分析表

　　完成了應付票據管理表後,為了更方便查詢開給各個廠商的票據狀況,請
製作一應付票據樞紐分析表。開啓範例檔「票據管理-08.xlsx」:

▶ step 1

❷ 執行此指令

❶ 任意點選一儲存格

▶ step 2

❶ 選取資料範圍如圖示

❷ 選此項

❸ 按此鈕

▶ step 3

這裡會依據欄位內容
顯示不同的資料項目

分別拖曳相關資料項
目到下列欄位中

▶ step 4

.... 按「Σ 值」下拉清單,執行此指令

▶ step 5

❶ 點選加總以將名稱更改為「加總票據金額」

❷ 按此鈕

▶ step 6

❷ 設定小數位數為「0」,符號為「$」

❶ 設定為「會計專用」

❸ 按「確定」鈕

▶ step 7

▶ step 8

按「開票日」下拉
鈕，執行此指令

按「確定」鈕

▶ step 9

❶ 設定為「無」

❷ 按「確定」鈕

▶ step 10

開票日小計欄消失

重覆8-9步驟，將到期日的
小計欄取消

▶ step 11

最後快按工作表標籤2下，將工作表重新
命名為「應付票據查詢」

　　欄位設定與工作表名稱更改完成後，應付票據樞鈕分析表即可完成，各位
可以參考範例檔「票據管理-09(完).xlsx」的工作表內容。

一、是非題

1. (　) 若要選取不連續範圍的儲存格，可按下「Ctrl」鍵再以滑鼠點選欲選取的儲存格即可。

2. (　) 樞紐分析表就是依照使用者的需求而製作的一般資料表。

3. (　) 當樞紐分析表來源資料有所變動，此時就必須要做資料的更新，以免分析表產生錯誤。

4. (　) 凍結窗格功能會作用在儲存格的上方列與左方欄。

5. (　) 使用NOW()函數時，如果儲存格格式為「通用」，則結果的格式會是日期格式。

二、選擇題

1. (　) 在樞紐分析表精靈的步驟中，分析資料來源共有四種，請問下列哪一個並不是其中的一種？

    (A)Microsoft Access資料庫檔案　　(B)Microsof Excel清單或資料庫

    (C)外部資料庫　　　　　　　　　(D)多重彙總資料範圍

2. (　) 定義範圍名稱的方法為？

    (A)「插入／圖片」指令　　　　　(B)「公式／定義名稱」指令

    (C)「公式／用於公式」指令　　　(D)以上皆是

3. (　) 於儲存格內輸入下列哪一函數即可馬上出現今日的日期？

    (A)NOW()　　　　　　　　　　　(B)TODAY()

    (C)以上皆可　　　　　　　　　　(D)以上皆否

4. (　) 下列關於AND()函數的敘述何者有誤？

    (A)為檢視與參照類別函數

    (B)當所有引數皆為TRUE時才傳回TRUE

    (C)其引數為(logical1,logical2…)

    (D)引數logical是指要測試的條件

5. ( ) 下列何者為作用儲存格為NOW()函數且儲存格類別為通用格式時的型態？

(A)38027.46205

(B)3.80E+04

(C)2004/2/10

(D)上午11:05:22

三、實作題

1. 請開啟範例檔「票據管理-10.xlsx」，替愛德生物科技製作如下票據票齡分析表：

2. 延續上述範例，請依序完成以下要求：

09 財務預算管理

- SUMIF()函數
- 合併彙算功能應用

　　日常生活中的各項瑣碎支出經常不會有人特別注意，雖然每次金額都不大，但若不加以管制，也有可能花掉收入的一大半。若能讓自己在這些花費上有效的加以控制，才能為其它各項投資理財奠定良好的基礎。本章範例主要是學習如何控制生活上的各個開銷，使其不超過您對這些花費的預算。本章範例成果如下：

範 例 成 果

A	102年 一月份各項支出金額		
	各項支出合計	各項支出預算	實際支出-預算支出
食	$2,900	$4,000	$1,100
衣	$1,000	$2,000	$1,000
住	$2,100	$2,000	($100)
行	$200	$600	$400
育	$580	$1,000	$420
樂	$400	$1,000	$600
其它	$4,480	$4,000	($480)
合計	$11,660	$14,600	$2,940
	財務預算管理表		
日期	類別	摘要	金額
1月1日	食	早餐,中餐,晚餐	$150
1月2日	食	早餐,中餐,晚餐	$200
1月3日	食	早餐,中餐,晚餐	$100
1月4日	食	早餐,中餐,晚餐	$150
1月5日	食	早餐,中餐,晚餐	$150
1月5日	衣	購買衣服*2	$1,000
1月6日	食	早餐,中餐,晚餐	$150

▲各月支出明細與預算差額▲

▲各項花費結算金額與圖表▲

9-1 輸入各項支出資料

　　控制各項花費的第一步便是預估各項支出所需花費的金額並記錄支出的明細資料，以便比對是否超出預算。

9-1-1 輸入各項支出預算額

　　假設將支出類別歸類為「食、衣、住、行、育、樂、其它」等七大項，並先將預計消費依照不同類別設定預算金額。請開啟範例檔「預算管理-01.xlsx」，並於各項花費類別欄內輸入預估金額：

▶ step 1

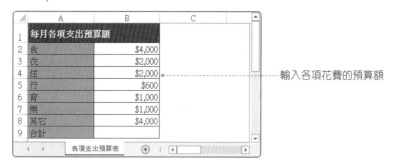

　　　　　　　　　　　　　　　　——— 輸入各項花費的預算額

▶ step 2

❷ 由「常用」標籤按下「自動加總」鈕，再下拉選擇「加總」指令

❶ 選取B2:B9儲存格

▶ step 3

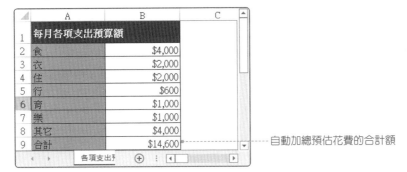

自動加總預估花費的合計額

9-1-2 輸入各項支出明細

完成預算表後，接著依照日常生活開支，記錄各項支出明細。請開啓範例檔「預算管理-02.xlsx」：

▶ step 1

第十列以上為預留空間做之後表格的製作

❷ 為於輸入支出明細時，方便參照各標題欄，請選取A13儲存格並執行此指令，開啓凍結窗格功能

❶ 切換至「一月份」工作表

▶ step 2

② 由「資料」標籤按下「資料驗證」鈕，並下拉「資料驗證」指令

❶ 輸入日期後，選取B13儲存格

▶ step 3

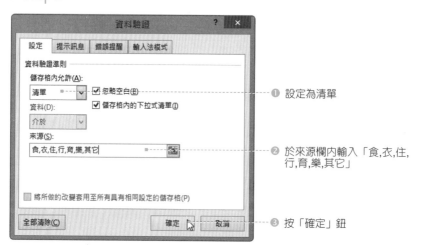

❶ 設定為清單

② 於來源欄內輸入「食,衣,住,行,育,樂,其它」

❸ 按「確定」鈕

▶ step 4

❶ 於B13儲存格內出現下拉式選單鈕

② 拖曳B13儲存格自動填滿控點至B40，使各儲存格都能套上選單樣式

▶ step 5

下拉B13儲存格選單，
並選擇支出類別

▶ step 6

繼續輸入各支出明細資料

請依照以上步驟逐一輸入每日消費明細，或開啓範例檔「預算管理-03.
xlsx」，於範例內已輸入各項支出明細供參考。

9-2 計算當月各項支出合計數

每當月底時，所有支出明細皆已輸入表格，即可統計各項支出的總額與合
計，並檢視是否超出所訂的預算額。

9-2-1 SUMIF()函數說明

計算合計數會使用到SUMIF()函數，因此先介紹此函數的用法：

SUMIF()函數

■ **語法**：SUMIF(Range,Criteria,Sum-range)

■ **說明**：對儲存格範圍中符合某特定篩選條件的儲存格進行加總，相關引數說
明如下：

引數名稱	說明
Range	儲存格範圍。
Criteria	用以判斷是否要列入計算的篩選條件，可以是數字、表示式或文字。
Sum-range	實際要加總的儲存格，若忽略此引數則以儲存格範圍為加總對象。

9-2-2　使用函數計算合計數

大致了解SUMIF()函數的語法，接著請開啟範例檔「預算管理-04.xlsx」，練習使用函數計算支出合計金額。

▶ step 1

❷ 由「公式」標籤按下「數學與三角函數」鈕

❶ 選取B3儲存格

❸ 下拉選擇「SUMIF」函數

▶ step 2

按下此折疊鈕

▶ step 3

❶ 拖曳B13:B36儲存格後按下 F4鍵，使選取的儲存格變為 絕對參照位址

❷ 按下此鈕

▶ step 4

❶ 輸入其它引數內容如圖示

❷ 按「確定」鈕

▶ step 5

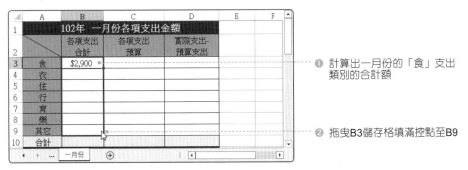

❶ 計算出一月份的「食」支出 類別的合計額

❷ 拖曳B3儲存格填滿控點至B9

▶ step 6

❷ 按下「自動加總」鈕，以計算出合計金額

❶ 選取B3:B10儲存格

9-3 計算支出總額與預算額的差數

完成各項支出類別合計之後，請繼續輸入各支出類別的預算額，以比照是否有超出原訂預算。

▶ step 1

選取C3儲存格，並輸入「=」

▶ step 2

❷ 選取B2儲存格後，按下「Enter」鍵

❶ 切換至「各項支出預算表」工作表

▶ step 3

❶ 查詢到「食」支出類別的預算了

❷ 拖曳C3填滿控點至C10

▶ step 4

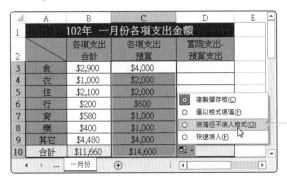

下拉「自動填滿選項」鈕，選擇「填滿
但不填入格式」，以避免合計列套上其
它儲存格樣式

　　因本章範例的各項支出類別都有依照一定的順序排列，所以可以使用填滿
控點功能代替步驟1與步驟2的動作，但若支出類別沒有依照順序排列，則需
重複步驟1與步驟2，以避免參照到錯誤的數值。

各項支出預算輸入完成後，為了比較實際花費與原訂預算的差額，請繼續輸入如下公式：

▶ step 1

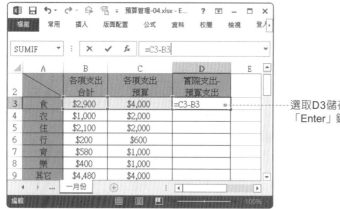

選取D3儲存格輸入「=C3-B3」後，按下「Enter」鍵

▶ step 2

❶ 算出預算與實際花費的差額

❷ 下拉D3儲存格填滿控點至D10，並按下「自動填滿選項」圖示鈕，選擇「填滿但不填入格式」

完成一月份的支出明細與合計後，即可清楚的知道，在一月份的花費裡，「住」與「其它」類別的支出都已超出原訂預算額，某些花費卻還比預算額少了很多，而實際總花費並未超出總預算額。

完成了一月份的支出明細後，即可複製一月份的支出明細至其它工作表，再刪除支出內容即可。另外請再製作二、三月份的支出明細，以便有較客觀的資料將原訂預算額調整至最理想的金額。

▶ step 1

❶ 按下此格以選取整個工作表

❷ 按滑鼠右鍵,並執行「複製」指令

▶ step 2

❶ 新增工作表後,選取A1儲存格

❷ 按右鍵執行「貼上」指令

▶ step 3

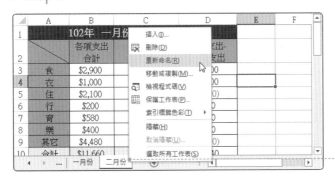

在工作表標籤上按滑鼠右鍵,執行「重新命名」指令,並命名為「二月份」

▶ step 4

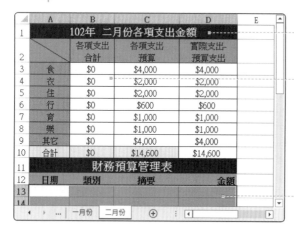

❷ 將標題更改為「102年二月份各項支出金額」

❸ 只要再次輸入二月份支出明細與計算各項合計額即可自動計算

❶ 刪除掉所有支出明細

　　製作其他月份的支出明細前，必須先新增一個工作表，然後再比照以上步驟複製相關公式即可。

9-4　各項支出項目結算總表

　　每三個月統計一次各項支出的金額，用來檢視哪些支出金額最多哪些較少，以重新預估各預算額，避免各項支出預算的編列不合實際。

9-4-1　使用合併彙算功能

　　合併彙算功能主要是用來計算位於不同工作表中相同的表單的內容。請開啟範例檔「預算管理-05.xlsx」：

▶ step 1

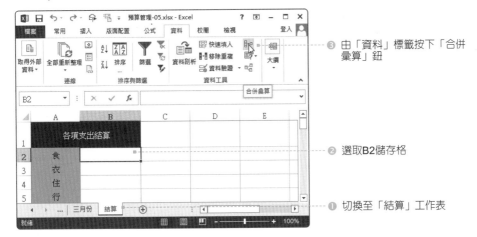

③ 由「資料」標籤按下「合併彙算」鈕

② 選取B2儲存格

① 切換至「結算」工作表

▶ step 2

① 設定為「加總」

② 按下此折疊鈕選取參照位置

▶ step 3

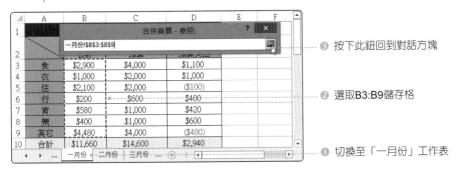

③ 按下此鈕回到對話方塊

② 選取B3:B9儲存格

① 切換至「一月份」工作表

▶ step 4

❶ 參照位址內出現剛選取的範圍

❷ 按「新增」鈕

▶ step 5

❷ 繼續點選折疊鈕

❶ 「所有參照位址」欄內增加了剛設定的參照位址

▶ step 6

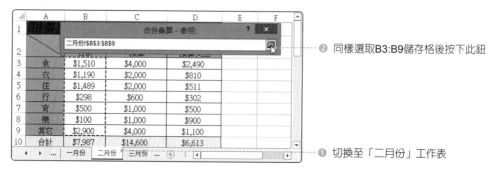

❷ 同樣選取B3:B9儲存格後按下此鈕

❶ 切換至「二月份」工作表

▶ step 7

按下此鈕，讓二月份的參照位址也能新增
至所有參照位址欄內

三月份的合併彙算參照位址請比照以上步驟新增即可。

▶ step 1

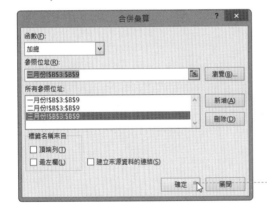

完成所有參照位址後，按此鈕確定

▶ step 2

1-3月各項支出合併彙算完成

9-4-2　增加合併彙算來源範圍

　　雖已統計各支出類別的合計額，但若能再加上合計額的統計，則可方便平均三個月來實際花費的總支出，再估算新的預算總額。

▶ step 1

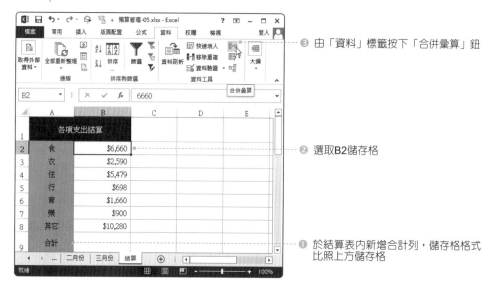

❸ 由「資料」標籤按下「合併彙算」鈕

❷ 選取B2儲存格

❶ 於結算表內新增合計列，儲存格格式比照上方儲存格

▶ step 2

按下參照鈕

▶ step 3

❷ 選取B3:B10儲存格後按下此鈕

❶ 切換至「一月份」工作表

▶ step 4

按「新增」鈕,讓剛選取的參照位址新增到「所有參照位址」內

▶ step 5

❶ 選取此參照位址

❷ 按下此鈕,刪除一月份舊有的參照位址

　　除了用按下參照鈕更新參照位址的方法外，也可於參照位址內直接做修改即可。

▶ step 1

❷ 直接於參照位址欄內將「$9」改為「$10」

❸ 按下「新增」鈕

❶ 選取此參照位址

▶ step 2

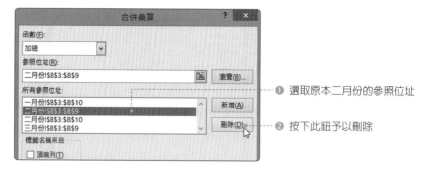

❶ 選取原本二月份的參照位址

❷ 按下此鈕予以刪除

▶ step 3

❶ 同上方式完成三月份的參照位址設定

❷ 按下「確定」鈕離開

▶ step 4

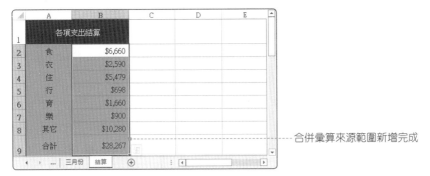

合併彙算來源範圍新增完成

若於完成合併彙算功能後,卻發現有些支出金額需做更改,可再執行一次「合併彙算」鈕,於「合併彙算」對話框裡按下「確定」鈕,即可完成合併彙算手動更新。

9-5 製作各項支出項目結算圖表

單單只看各支出項目的總表似乎較不易看出各個項目占總支出的比例,這時即可製作各支出項目的比較圖表,以便看出其差異性。請開啟範例檔「預算管理-06.xlsx」:

▶ step 1

❷ 由「插入」標籤選取圓形圖表類型

❸ 下拉選擇「立體圓形圖」

❶ 選取A2:B8儲存格

▶ step 2

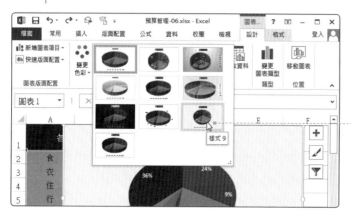

由「設計」標籤的
「圖表樣式」下拉選
擇此樣式

▶ step 3

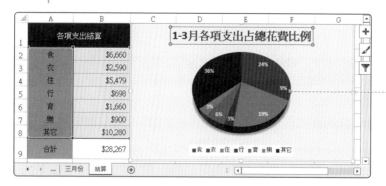

修改圖表標題如圖示，
圖表就完成了

本章課後評量

一、是非題

1. (　) SUMIF()函數為對儲存格範圍中符合某特定篩選條件的儲存格進行加總。

2. (　) 合併彙算可設定手動方式來更新檔案。

3. (　) 合併彙算的手動更新是指於修改來源資料後,使用合併彙算的數值也可同時更新。

4. (　) 由「公式」標籤按下「合併彙算」鈕即可開啟合併彙算對話框。

5. (　) 建立圖表可先於工作表中完成資料數後再建立,亦可以先建立圖表再建立資料。

二、選擇題

1. (　) 下列關於SUMIF()函數的敘述何者有誤?

   (A)為統計類別函數

   (B)其引數為(Range,Criteria,Sum-range)

   (C)引數Range是指儲存格範圍

   (D)引數Sum-range為實際要加總的儲存格

2. (　) 下列關於工作表標籤的敘述何者有誤?

   (A)可重新命名　　　　　　　　(B)可改變色彩

   (C)可移動或複製　　　　　　　(D)可替其加上線條外框

3. (　) 下列何者非合併彙算對話框內的函數類型?

   (A)加總　　　　　　　　　　　(B)平均值

   (C)中間值　　　　　　　　　　(D)最大值

4. (　) 下列何者不是Excel預設的圖表類型之一?

   (A)直條圖　　　　　　　　　　(B)剖面圖

   (C)圓型圖　　　　　　　　　　(D)區域圖

三、實作題

1. 請開啓範例檔「預算管理-08.xlsx」，算出各月份各項費用的合計額。

請延續上例，利用合併彙算功能，算出三個月份各個費用的支出合計額。

NOTE

10 投資理財私房方案

學 習 重 點

■ 單變數、雙變數運算列表使用

■ 利用PV()函數試算投資成本

■ 利用NPV()函數試算保險淨現值

■ 定期定額基金試算

■ 利用XNPV()函數評估投資方案

　　在 Excel 所提供的「財務」類別函數中，有相當多功能實用的函數，加上一些如「藍本分析」、「變數運算列表」…等工具，可以幫助我們計算存款本利和、利息、評估投資成本…等工作，同時對個人理財方面也有著相當大的幫助。在本章中，將介紹數個生活上常見的投資、理財範例，讓您輕輕鬆鬆用 Excel 成為理財大師，從此不必再拿一本筆記簿、一台計算機辛苦地規劃投資理財計畫。

 範 例 成 果

	A	B	C	D	E	F	G	H
1	定期定額基金投資計畫							
2	日期	投資金額	基金淨值	購買單位	累積單位	累積成本	獲利金額	報酬率
3	2013/7/1	5000	25	200.00	200.00	$5,000		
4	2013/8/1	5000	25.68	194.70	394.70	$10,000	$136.00	1.36%
5	2013/9/1	5000	24.65	202.84	597.54	$15,000	($270.55)	-1.80%
6	2013/10/1	5000	23.01	217.30	814.84	$20,000	($1,250.52)	-6.25%
7	2013/11/1	5000	24.5	204.08	1018.92	$25,000	($36.40)	-0.15%
8	2013/12/1	5000	25.02	199.84	1218.76	$30,000	$493.44	1.64%
9	2014/1/1	5000	25.9	193.05	1411.81	$35,000	$1,565.95	4.47%
10	2014/2/1	5000	26	192.31	1604.12	$40,000	$1,707.13	4.27%
11	2014/3/1	5000	25.6	195.31	1799.43	$45,000	$1,065.48	2.37%
12	2014/4/1	5000	25.1	199.20	1998.64	$50,000	$165.76	0.33%
13	2014/5/1	5000	24.5	204.08	2202.72	$55,000	($1,033.42)	-1.88%
14	2014/6/1	5000	24.9	200.80	2403.52	$60,000	($152.33)	-0.25%

工作表1　⊕

▲ 定期定額基金試算 ▲

10-1　定期存款方案比較

　　金融公司的「定期存款」業務(簡稱「定存」)是相當普遍的營業項目。只要事先儲存入一筆固定的金額，並且依照與銀行約定的利率，在合約期滿後即能領回本利和，在利率方面通常也較「活期存款」為高。

　　假設泓宇目前有一筆10萬元的現金，打算規劃2年期的定期存款，他收集了目前市面上主要銀行的兩年期定存利率，如下表所示：

銀行名稱	年利率(%)
復邦銀行	2.5
信託銀行	2.8
台欣銀行	2.65
精誠銀行	2.95
合庫銀行	3.2

　　接下來，讓我們來試算看看這筆錢分別存入這些銀行，兩年後各可以回收多少錢？

建立定期存款公式

　　計算「定期存款」的本利和並不需要特別的函數來完成，只要建立如下的公式即可：

$$本利和＝本金×(1+年利率)$$

　　但現在我們需要同時比較多家銀行在兩年後的本利和，而且它們具有不同的利率水準，因此我們「不適合」使用上述公式逐一算出各銀行兩年後的給付金額，然後再加以比較；對於此專案，我們使用「單變數運算列表」的功能來進行試算評估則較為妥當。

10-2 單變數運算列表

「單變數運算列表」乃是指公式內僅有一個變數，只要輸入此變數即能改變公式最後的結果並輸出。

在上面的這個案例中，「存款10萬元」及「兩年的合約」可以視為固定的常數，而各家銀行不同的「利率」則可以視為「變數」。因此，只要控制「利率」這項變數，便能夠計算出各銀行在合約到期後所給付的本利和。

接下來，請開啟範例檔「理財-01.xlsx」，並跟著下面範例操作。

▶ step 1

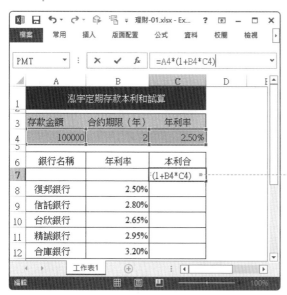

點選C7儲存格，並輸入定期存款的計算公式「=A4*(1+B4*C4)」後按Enter鍵

Tips

在建立運算列表前，必須先挑選一份合約來建立「對應公式」，如此Excel才能知道公式該如何計算。

▶ step 2

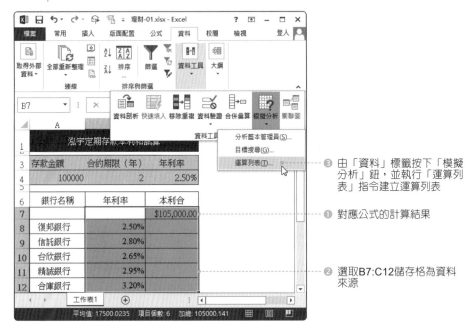

③ 由「資料」標籤按下「模擬分析」鈕，並執行「運算列表」指令建立運算列表

① 對應公式的計算結果

② 選取B7:C12儲存格為資料來源

▶ step 3

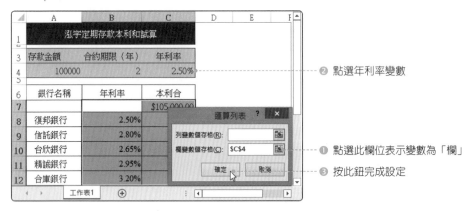

② 點選年利率變數

① 點選此欄位表示變數為「欄」

③ 按此鈕完成設定

Tips

由於「年利率」變數是放置於「欄」儲存格中，所以，我們在「欄變數儲存格」欄位中輸入變數位址。

▶ step 4

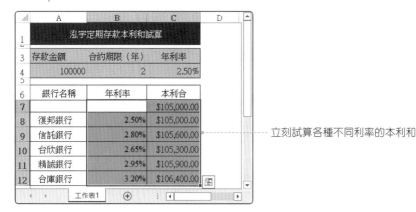

──── 立刻試算各種不同利率的本利和

當我們建立變數運算列表時，若變數以「欄」為儲存格位置，則對應公式儲存格(C7)必須位於運算結果區(A8:C12)的上方；相同地，若變數以「列」為儲存格位置，則對應公式儲存格必須位於運算結果區的左方。

執行運算列表後，如果您單獨刪除運算結果區(C8:C12)中的某一儲存格內容，則會出現如下圖示的提醒視窗，它不允許您進行單獨的修改：

──── 顯示無法單獨修改某儲存格內容

對於運算結果區的儲存格內容，Excel僅允許您選取範圍(C8:C12)，並按下「Delete」鍵將所有內容清除。

10-3 雙變數運算列表

上小節中僅談到使用一個「年利率」的變數來產生運算列表，實際上我們也可以同時採用兩個變數來產生運算列表。例如，除了「年利率」變數外，假設「本金」的部分可能是5萬、10萬或15萬…等，那我們便可以交叉分析出，在不同「本金」及「利率」的兩組變數下，上述的案例將會產生哪些新的資訊供我們參考及評估。

動手的時候到了，現在請開啓範例檔「理財-02.xlsx」，並參照下面的範例。

▶ step 1

❷ 選取B7儲存格並輸入公式「=A4*(1+B4*C4)」如圖示

❶ 將各種不同本金的變數輸入於列中

▶ step 2

❷ 由「資料」標籤按下「模擬分析」鈕，並下拉選擇「運算列表」指令

❶ 選取B7:F12儲存格為範圍

▶ step 3

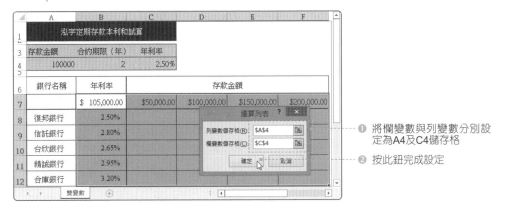

❶ 將欄變數與列變數分別設定為A4及C4儲存格

❷ 按此鈕完成設定

▶ step 4

列出各種不同利率與本金的組合下的本利和

　　利用雙變數運算列表，可以很快的試算出在不同的組合下將會產生何種結果，對各種方案的評估也會較為完整。

　　有關於「對應公式」(B7儲存格)的位置問題，可以在步驟4中看得更加清楚，此對應公式必須位於「欄變數的上方，列變數的左方」，否則無法產生運算列表。

10-4　試算投資成本與PV()函數

　　金融或保險公司經常推出一系列的儲蓄投資專案，事先繳交一筆較大數額的存款後，可以逐年領回固定的金額，讓您的生活更有保障。雖然這樣的投資具有儲蓄及保障的功能，但若不仔細比較實在難以判斷是否符合投資報酬率？或者划不划算？因此，本節中將試算此類型的金融商品，評估投資成本是否獲得最大利益，作為投資與否的參考。

　　假設奕宏工作數年後存了一些錢，後續生涯規劃想要回到學校進修四年，因此準備參加「台欣」銀行的「進修基金儲蓄投資計畫」專案，來讓未來四年內即使毫無收入，也能夠安心唸書。此專案計畫需繳交40萬元，未來的4年內每年可領回11萬元作為基本的生活費用，預定年利率為4%。現在來評估這種金融商品是否值得投資。

10-4-1　PV()函數說明

　　想要評估上述的投資方案是否可行，必須利用PV()函數。使用PV()函數可以計算出某項投資的年金現值，而此年金現值則是未來各期年金現值的總和。接下來，先來看此函數的相關說明：

■　**語法**：PV(rate,nper,pmt,fv,type)

■　**說明**：相關的引數說明如下表所示：

引數名稱	說明
rate	各期的利率。
nper	總付款期數。
pmt	各期應該給予(或取得)的固定金額。通常pmt包含本金及利息，如果忽略此引數，則必須要有pv引數。
pv	為最後一次付款完成後，所能獲得的現金餘額 (年金終值)。如果忽略此引數，則預設為「0」，並且需有pmt引數。
type	為「0」或「1」的邏輯值，用以判斷付款日為期初(1)或期末(0)。忽略此引數，則預設為「0」。

10-4-2 計算投資成本

現在就來幫奕宏計算此項的投資是否有利，請開啓範例檔「理財-03.xls」，並跟著下面的範例來執行。

▶ step 1

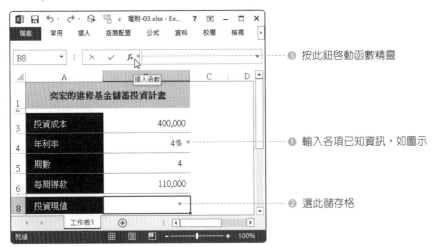

❸ 按此鈕啓動函數精靈

❶ 輸入各項已知資訊，如圖示

❷ 選此儲存格

▶ step 2

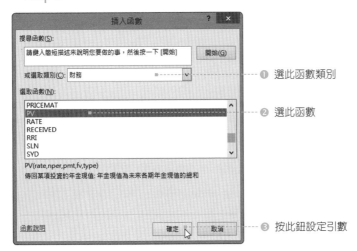

❶ 選此函數類別

❷ 選此函數

❸ 按此鈕設定引數

▶ step 3

❶ 依序於各欄位中輸入「年利率」、「期數」及「每期得款」等儲存格位址

❷ 按此鈕完成設定

▶ step 4

試算出投資現值

　　經由上面步驟的試算，可以發現此投資計畫的年金現值只有399,288.47元，還不及所投資的40萬元；也就是說，其實只要投資399,288.47元就可享有同樣的投資報酬率，不需花費到40萬元。因此判斷此投資方案並不可行。

　　雖然上述的投資專案看似不可行，但如果在A8儲存格公式中設定「type」引數，將它設定為「1」後，您便會發現一個有趣的現象 -- 「此投資專案變成可行了」。

▶ step 1

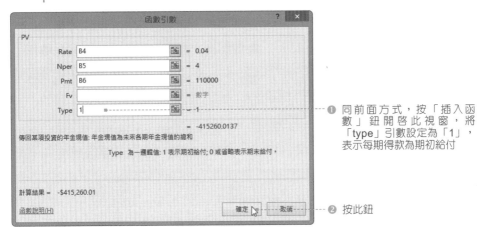

❶ 同前面方式，按「插入函數」鈕開啟此視窗，將「type」引數設定為「1」，表示每期得款為期初給付

❷ 按此鈕

▶ step 2

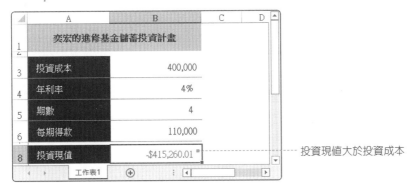

投資現值大於投資成本

　　也就是說，此專案若能將每期的給付方式由「期末給付」更改為「期初給付」，那就表示此投資專案是可獲利的。瞭解其中的差異後，便可與金融商品公司協商或變更現行的作法，以便得到更多的獲利。

10-5　計算保險淨值與NPV()函數

「保險」商品通常具有「保障」、「儲蓄」及「投資」等特性，好的保險商品除了可以讓您將投資的金錢在若干年後回收，並且還有一定金額的利息，同時在契約時間內還享有一些醫療等相關保障及給付。對於這些「保險」商品，同樣可以藉由 Excel 強大的功能來試算一番！

假設泓宇想為自己買一個兼具投資、保障的保險商品，在朋友的介紹下他接觸了「欣光人壽」的「投資型保險計畫」。該計畫為15年合約，只要前5年每年繳交3萬元的保費，從此不需再繳交保費，同時第5～10年每年可領回2萬元的紅利，第11～15年則每年可領回2萬3千元的紅利。看起來此專案似乎蠻誘人的，但還需考慮通貨膨脹的因素，也就是「年度折扣率」(這幾年平均值約5%)。現在讓來試算此保險計畫是否值得購買。

10-5-1　NPV()函數說明

上述有關保險商品的試算，可以使用NPV()函數。該函數可以透過年度通貨膨脹比例(或稱年度折扣率)，以及未來各期所支出及收入的金額，進行該方案的淨現值計算。NPV()函數相關的說明如下：

■ **語法**：NPV(rate,value1,value2,…)

■ **說明**：各引數所代表的意義如下表所示：

引數名稱	說明
rate	通貨膨脹比例或年度折扣率。
value1,value2,…	未來各期的現金支出及收入，最多可以使用29筆記錄。

10-5-2　計算保險淨現值

現在來計算此保險商品是否有獲利的空間，請開啟範例檔「理財-04.xls」並跟隨下面的範例實作。

▶ step 1

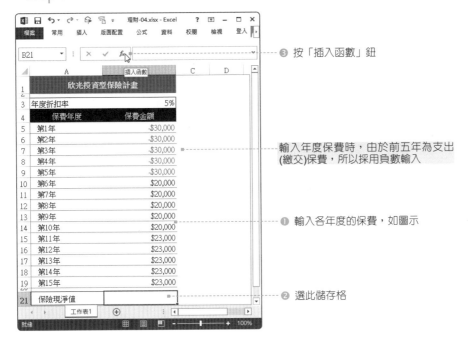

❸ 按「插入函數」鈕

輸入年度保費時,由於前五年為支出(繳交)保費,所以採用負數輸入

❶ 輸入各年度的保費,如圖示

❷ 選此儲存格

▶ step 2

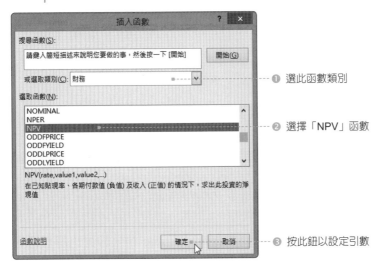

❶ 選此函數類別

❷ 選擇「NPV」函數

❸ 按此鈕以設定引數

▶ step 3

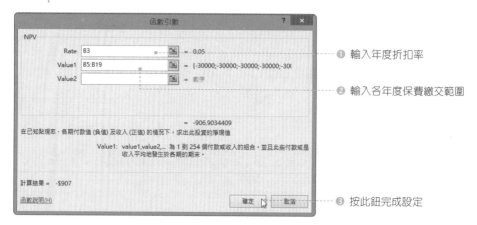

❶ 輸入年度折扣率

❷ 輸入各年度保費繳交範圍

❸ 按此鈕完成設定

▶ step 4

保險現淨值已試算出來

　　經過試算後，此份保單的現淨值為「-906.90元」，若單純以「理財」或「投資」的角度來看，此份保單並不是最佳的選擇。但是保險通常還會附帶有「醫療保障」，當生病或住院時可能還會獲得一些補貼或給付，因此也是值得考慮的方案。

10-6 投資方案評估與XNPV()函數

通常投資專案不見得是一開始就參與，而且專案進行期間還會有資金的流動，一時之間也難以評估是否值得加入投資。因此不妨等到專案已經進行一段時間且經過評估後，再決定是否加入投資的行列。此種方法的好處是可以利用專案在這段時間內所投入的資金，以及所獲得的營收，作為評估專案截至目前是處於獲利或虧損的狀態，如此在投資上則更加有保障。

假設恩諾的朋友三個月前開了一家飾品店，日前邀請恩諾入股成為該店的股東，因此恩諾向這位朋友要了此店面這三個月年來的營業收支狀況，如下表所示：

日期	收入	支出	備註
2012／9／1		120000	開店相關費用
2012／9／30	130000		9月份營收額
2012／10／5		65000	人事管銷費用
2012／10／15		20000	進貨
2012／10／31	150000		10月份營收額
2012／11／5		65000	人事管銷費用
2012／11／15		250000	進貨
2012／11／30	200000		11月份營收額

除了上述營收及支出的明細外，恩諾的朋友還主動提供了「現金流動折價率8％」的參考數據，以作為評估之用。有了上述的資訊，接下來就來評估此投資方案到底值不值得投資。

10-6-1 XNPV()函數說明

要計算這種不定期投入或支出資金的投資方案，可以使用「XNPV()」函數。XNPV()函數可以依據方案投資期間內不定期的收入與支出情形，並透過現

金流動折價率的參考因數，以計算出該方案的現淨值。先來看此函數的相關說明：

■ **語法**：XNPV(rate,values,dates)

■ **說明**：該函數可以傳回現金流量表的淨現值，且該現金流量不須是定期性的。相關引數請參考下表說明：

引數名稱	說明
rate	現金流動折價率。
value	支出或收入資金的流動金額。
datas	支出或收入資金的流動日期。

> **Tips**
>
> 上述「value」及「datas」引數的資料範圍必須是相對應的，否則無法計算。

10-6-2　計算投資方案淨現值

瞭解恩誥的需求及XNPV()函數後，接下來請開啟範例檔「理財-05.xls」，並參考下面的範例來操作。

▶ step 1

❸ 按下「插入函數」鈕

❶ 將所有的收支記錄輸入於 A5:B12儲存格中，紅色部分表示支出

❷ 選此B14儲存格

▶ step 2

❶ 設定為「財務」

❷ 選此函數

❸ 按此鈕確定

▶ step 3

❶ 依序於引數欄位內輸入「現金流動率」、「現金流量」及「日期」等相關資訊儲存格範圍

❷ 按此鈕完成設定

▶ step 4

計算投資方案的淨現值

從上面的範例中，可以看到此投資方案的淨現值是呈現「負數」的狀態，也就是說，目前此投資方案在帳面上仍然處於虧損的狀態，暫時不適合進行投資。不過由於上面個案僅經營三個月，就長期投資的角度來看也不能早下定論，還必須考量其發展潛力及大經濟環境等因素。事實上，此個案在現實的經濟環境中，仍然屬於不錯的投資標的。利用 XNPV() 函數來評估某項投資方案，所搜集的現金流動記錄時間越長、金額越詳實，則評估出來的數據會越準確，但千萬要注意到這些數據的「真實性」，以免因為不正確的評估數據而導致投資受損(近期時常有所謂「壞帳」風波產生)。

10-7　共同基金績效試算

「共同基金」是最近幾年來較為熱門的投資管道，它是由專業的證券投資信託公司合法募集眾人的資金，由基金經理人將資金投資運用在指定的金融工具上，例如股票、債券或是貨幣市場工具等，並且將其獲利平均分配給購買基金的投資人。此種投資方式不但可分享全球投資機會，而且投資獲利免稅，當買出基金時也僅收取一些手續費(約 1.5％)，因此可以達到分散風險、專業管理與節稅等多項好處。至於「定期定額」的意思，就是在每個月固定的時間投入固定的資金來購買該基金，就好像是「定期存款」一樣。

10-7-1　共同基金利潤試算

燕子想要將每個月的薪資固定提撥 5000 元來作為理財投資，但對股票的操作不熟悉且沒有多餘的時間去觀察行情，對於民間的「互助會」在一片「倒風」下又小生怕怕！燕子決定要購買「定期定額共同基金」來作為理財投資。

雖然共同基金有專家幫忙操盤，但也不一定「穩賺不賠」，所以還是要幫燕子用 Excel 建立一些相關資訊，以瞭解所投資的共同基金到底有無來利潤？

請開啟一空白的活頁簿，並建立以下的欄位，或是開啟範例檔「理財-06.xls」跟著下面操作步驟，來進行定期定額基金的試算。

範例 定期定額基金試算

▶ step 1

❶ 選取A3儲存格並輸入開始日期

❷ 拖曳A3儲存格填滿控點至A14儲存格

工作表中各標題欄位所代表的意義如下：

日期	購買基金的日期。如果是購買「定期定額」類型的基金，即是每月的固定繳款日(本例中以每月1日為繳款日)。
投資金額	購買基金的金額，本例中設定為每月固定5,000元。
基金淨值	基金購買當日由基金公司公佈的淨值，基金的淨值會隨著時間而有所上下波動並產生獲利或虧損。
購買單位	該次購買基金的單位數量，即「投資金額／基金淨值」。
累積單位	目前累積已購買的基金單位數量。
累積成本	目前累積投入購買基金的總金額。
獲利金額	基金淨值的變化並扣除成本後所獲得的利潤或虧損。
報酬率	投資報酬率，即「獲利金額／累積成本」。

▶ step 2

❷ 選此項將複製儲存格中的日期更改為按月

❶ 放開滑鼠按此智慧標籤鈕

▶ step 3

在B3儲存格輸入「5000」，並拖曳填滿控點到B14儲存格填滿

▶ step 4

輸入各月份購買日的基金淨值(基金淨值資訊可以在每天的晚報等主要媒體以及基金公司的網站上，皆可查詢到基金淨值)

▶ step 5

❶ 選取D3儲存格並輸入「=B3/C3」公式計算購買單位

❷ 拖曳D3儲存格填滿控點以複製公式到D14儲存格

▶ step 6

❷ 選取E3儲存格,因第1次計算累積單位,所以與D3的購買單位相同,因此輸入「=D3」

❶ 由於D9:D14儲存格因C9:C14儲存格尚未輸入資料,所以產生「#DIV/0!」(除數為0)的錯誤訊息,暫時不用理會它!

▶ step 7

❶ 選取E4儲存格，累積單位為本次購買單位加上前次累積單位，所以輸入「=E3+D4」

❷ 拖曳E4儲存格填滿控點到E14儲存格

▶ step 8

選取F3儲存格，因第1次計算累積成本，所以與B3的投資金額相同，因此輸入「=B3」

▶ step 9

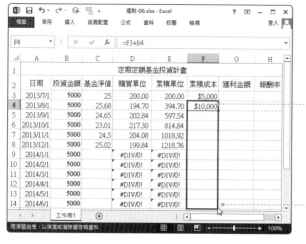

❶ 選取F4儲存格，累積成本為本次投資金額加上前次累積成本，所以輸入「=F3+B4」

❷ 拖曳複製F4儲存格內容到F14儲存格

10-7-3 共同基金月／年利率試算

投資共同基金一段時間後或是準備贖回(賣出)前,可以試算投資這段時間內它的月利率或年利率如何,如此可比較同樣的存款金額是放在定期存款較為優惠,還是投資共同基金獲利較大。

接下來,請開啟範例檔「理財-08.xls」,試算當共同基金投資一年後所換算的利率。

▶ step 1

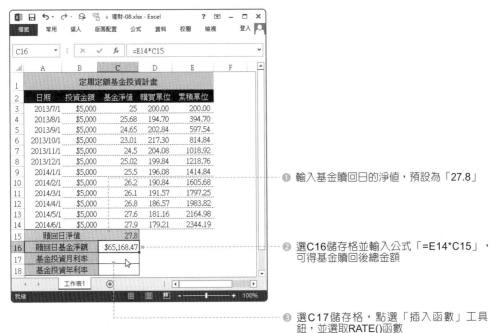

❶ 輸入基金贖回日的淨值,預設為「27.8」

❷ 選C16儲存格並輸入公式「=E14*C15」,可得基金贖回後總金額

❸ 選C17儲存格,點選「插入函數」工具鈕,並選取RATE()函數

▶ step 2

❶ 輸入投資期數

❷ 輸入每期投資金額，因函數計算
　關係在此加上負號

❸ 輸入基金總淨值

❹ 按此鈕完成設定

▶ step 3

❶ 此處會顯示換算後的月利率

❷ 選取C18儲存格輸入公式「=C17*12」即為
　換算後的年利率

　　利用上述方法可以得到投資基金所換算的月利率及年利率，因此可以比較
與定期存款利率的差別，進而選擇一個較有利的投資管道。不過就投資風險上
來說，基金的風險較定期存款爲大(可能會下跌)，投資時也要注意此事項。

　　本節範例僅示範基金的計算公式，對於其他如手續費、中途售出基金單
位、海外基金匯率換算…等問題暫且忽略，讀者可以根據實際的需求來修改上
述的工作表內容。

一、是非題

1. (　) FV()函數的引數pv是指現淨值或分期付款的目前總額。

2. (　) NPV()函數可透過年度通貨緊縮比例，以及未來各期所支出及收入的金額，進行該方案的淨現值計算。

3. (　) 「單變數運算列表」乃是指公式內僅有一個變數，只要輸入此變數即能改變公式最後的結果並輸出。

4. (　) 雙變數運算列表其所對應的公式必須位於「欄變數的右方，列變數的左方」，否則無法產生運算列表。

5. (　) 選取儲存格後，於名稱方塊內輸入名稱一樣具有定義名稱的功能。

二、選擇題

1. (　) 當要計算零存整付定期存款的報酬總額時，應使用何函數？

(A)PMT()　　　　　　　　　　(B)FV()

(C)PV()　　　　　　　　　　 (D)SUM()

2. (　) 下列關於PV()函數的敘述何者有誤？

(A)用以計算出某項投資的年金現值，而此年金現值則是未來各期年金現值的總和

(B)為財務類別函數

(C)引數pv為各期應該給予(或取得)的固定金額

(D)引數為 (rate,nper,pmt,fv,type)

3. (　) 下列關於NPV()函數的敘述何者有誤？

(A)屬財務類別函數

(B)引數為(rate,value1, value2,…)

(C)引數rate是指通貨緊縮比例或年度折扣率

(D)value1,value2..引數未來各期的現金支出及收入，最多可以使用29筆記錄

4. (　) 下列關於PMT()函數的敘述何者有誤？

(A)用以計算當貸款金額非固定的條件下，每期必須償還的貸款金額

(B)屬財務類別函數

(C)其引數為(rate,nper,pv,fv,type)

(D)引數rate是指各期的利率

5. (　) 下列關於分析藍本的敘述何者有誤？

(A)可同時建立多個藍本資料

(B)分析藍本對話框內的註解欄會顯示所插入的註解文字

(C)可與其它檔案或工作表的分析藍本合併

(D)可建立分析藍本摘要報告

6. (　) 下列關於XNPV()函數的敘述何者有誤？

(A)可以傳回現金流量表的淨現值，且該現金流量必須是定期性的

(B)其引數為(rate, values,dates)

(C)引數value與date的資料範圍必須相對應

(D)非Excel預設安裝的函數

7. (　) 下列關於RATE()函數的敘述何者有誤？

(A)其引數為 (nper,pmt,pv,fv,type,guess)

(B)引數nper是指總付款或投資期數

(C)引數fv為第一次付款或投資完成後，所能獲得的現金餘額

(D)guess引數可省略

三、實作題

1. 「欣光保險」推出一保險專案，只要您事先繳交50萬元(年初)，在爾後的五年內每年可領回11萬元(每年年底)。若以目前的定存利率2.5％來計算，請評估此專案是否符合投資成本。

   提示：使用PV()函數

2. 小承目前年齡為34歲，他購買了一份20年期的保險。該保險只要在前20年內每年繳交保費3萬元，20年期滿後即無須再繳款，並且每年可以領回25,000元，一直領到死亡為止。若以目前國民平均壽命75歲，以及7.5％的年度折扣率來計算，請問此保險的淨值為何？

   提示：使用NPV()函數

3. 請使用「雙變數運算列表」功能，針對範例檔「理財-09.xlsx」中各銀行的存款利率與存款額度組合，分別計算出各種組合的本利和。

NOTE

11 | 互動式網頁設計

學 習 重 點

- 儲存格插入超連結
- 編輯超連結
- HYPERLINK函數
- HYPERLINK函數設定超連結
- 儲存單一工作表成為網頁
- 儲存活頁簿成為網頁
- 發佈到本機或網路芳鄰上
- 發佈到雲端SkyDrive

　　超連結的功能除了可應用在網頁的製作外，為了方便文件間的連結，也可將此功能套用在Excel文件上。製作完成的工作表或活頁簿檔案，不僅能夠儲存成一般的Excel檔案格式，還能夠製作成網頁格式，這樣不僅可以方便將Excel資料放到網路上供他人參考，達到一個真正跨平台的電子文件。

Excel 2013

 範 例 成 果

報名人數統計表

| 社團種類 | 第三季 | | 第一季到第三季 | 全年度 | 全年度 | |
---	預計人數	實際人數	實際人數	預估人數	實際人數	差異人數
躲避球社	50	61	120	150	142	8
羽球社	45	58	127	150	138	12
桌球社	100	91	121	150	132	18
籃球社	120	168	260	300	268	32
	315	378	628	750	680	70

Sheet1　Sheet2　Sheet3　⊕

油漆式速記法

1
2 各版本介紹
　博奕英文專業字彙
　日本語能力檢定N2級
　超左腦句型英檢初級
　超左腦句型多益字彙
3　餐旅相關英文字彙
4 記憶就像刷油漆
　記憶就像刷油漆，凡刷過必留下痕跡
　當各位接收到新訊息時，就如同在大腦皮層中刷上油漆，不論接收時間的長
　短，記憶的痕跡始終存在。
　如果有遺漏，還可藉由下一層刷漆時進行補強。
5 只要多刷幾次，記憶的時間越長，自然能夠在大腦中產生更好的記憶效果。

Sheet1　Sheet2　Sheet3 …　⊕

電腦圖書預訂表

書號	書名	作者	購買本書	定價	小計
ZL0021	圖解Iphone	陳元明	9	500	4,500
ZL0024	圖解資料結構	朱大慶	10	400	4,000
ZL0027	photoshop範例集	鄭里愛	3	460	1,380
BC0024	Visual Basic輕鬆學	王建宏	2	520	1,040
PG0025	C語言大全	古樂天	3	580	1,740
					-
					-
				總計	12,660

Sheet1　⊕

11-1　網路超連結

Excel可以如同與其他Office軟體般的使用各種超連結功能，加入超連結的方法除了超連結指令外，還提供超連結專屬的函數。而被連結的對象，除了儲存格位置外，工作表上的文字方塊、圖片等物件也都能夠設定超連結。

11-1-1　儲存格插入超連結

儲存格中超連結的對象可以是網頁、檔案、工作表位置、電子郵件等，我們就從「插入」索引標籤示範如何在儲存格中插入超連結。現在請開啓範例檔「預購表.xlsx」，並跟著下面的範例進行練習：

▶ step 1

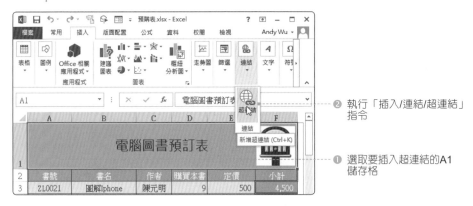

❷ 執行「插入/連結/超連結」指令

❶ 選取要插入超連結的A1儲存格

▶ step 2

❸ 按「工具提示」鈕

❶ 選擇「現存的檔案或網頁」

❷ 輸入欲超連結的網址

▶ step 3

❶ 輸入提示文字「按這可以連到出版社」

❷ 按「確定」鈕後返回上一層視窗，
再按「確定」鈕

▶ step 4

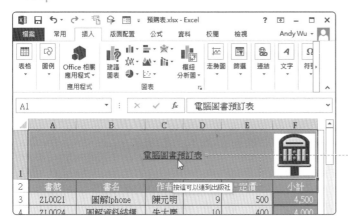

文字下方多了底線，若將滑
鼠指向此儲存格，游標會改
變樣式，且游標下方會出現
步驟3中所設定的提示文字。
按此文字連結

▶ step 5

系統隨即開啟瀏覽器，並連結
到所指定的網站

11-1-2　超連結設定的四種類型

在「插入超連結」設定視窗中，超連結的對象分別可設定成四種不同的類型。其類型與功能如下分述如下：

現存的檔案或網頁

可以本機電腦上的任何檔案或程式為超連結目標，或是連結到 Internet 上的任何一個網頁：

　　　　　　　　　　　　　　　　　　　　　── 按此鈕可下拉檔案樹狀目錄

　　　　　　　　　　　　　　　　　　　　　── 選此項可選擇超連結本電腦
　　　　　　　　　　　　　　　　　　　　　　　中的所有檔案

　　　　　　　　　　　　　　　　　　　　　── 選此項可選擇瀏覽器近期曾經
　　　　　　　　　　　　　　　　　　　　　　　顯示過的頁面或檔案

　　　　　　　　　　　　　　　　　　　　　── 選此項可選擇近期曾經開啟
　　　　　　　　　　　　　　　　　　　　　　　過的檔案或程式

　　　　　　　　　　　　　　　　　　　　　── 可超連結到 Internet 上的
　　　　　　　　　　　　　　　　　　　　　　　任何網頁

這份文件中的位置

選此項超連結可使作用儲存格，迅速地切換到設定的工作表與儲存格位址。

　　　　　　　　　　　　　　　　　　　　　── 可使作用儲存格移到指定的工
　　　　　　　　　　　　　　　　　　　　　　　作表與儲存格位址上

　　　　　　　　　　　　　　　　　　　　　── 如工作表中如有經定義名稱之
　　　　　　　　　　　　　　　　　　　　　　　儲存格，可使作用儲存格移至
　　　　　　　　　　　　　　　　　　　　　　　此位址

建立新文件

超連結對象為一個指定檔案路徑與名稱的新文件名稱,您也可以按下「變更」鈕改變檔案的路徑。

- 在此可建立新文件的檔案路徑與名稱
- 按此鈕可變更檔案路徑
- 選此項需待使用者按下超連結後,才會開啟上述的新文件
- 選此項會立即開啟上述的新文件

電子郵件地址

可開啟郵件收發程式與新郵件視窗,並且可事先設定收件者的郵件位址與郵件主旨。

- 可直接在此輸入收件者視窗與郵件主旨
- 亦可選取先前使用過之郵件超連結記錄

當使用者按下如上圖設定的超連結後,便會開啟如下的郵件視窗:

自動填入設定的資訊

除了執行「插入/連結/超連結」指令外，也在選定儲存位址後按滑鼠右鍵，並執行「超連結」指令，同樣可開啓「插入超連結」視窗。請看下圖的操作示範：

② 執行「超連結」指令

① 選取儲存格後，按滑鼠右鍵，開啓快取功能表

其他物件的超連結

不僅儲存格能夠設定超連結外，在工作表上的物件也能夠直接設定超連結，例如圖片、文字方塊…等，而且設定的方法與超連結對象，與儲存格中的設定方式完全相同。以圖片爲例，只要在要設定超連結的物件按下滑鼠右鍵，就可以執行快顯功能表中的「超連結」指令，如下圖所示：

美工圖案等物件,也同樣能夠設定超連結

11-1-3 編輯超連結

對於已經設定有超連結的儲存格或物件,使用者可隨時修改連結的方式,或是刪除超連結:

編輯超連結

如果只是想修改連結的方向或種類,只要選取要編輯連結的物件,按滑鼠右鍵開啓快取功能表,執行「編輯超連結」指令即可:

❶ 選擇要編輯連結的儲存格,按滑鼠右鍵,開啓快取功能表

❷ 執行「編輯超連結」指令

刪除超連結

刪除超連結操作方法非常簡單，只要選取要刪除連結的物件，按滑鼠右鍵開啟快取功能表，執行「移除超連結」指令即可：

❶ 選擇要刪除連結的物件，按滑鼠右鍵，開啟快取功能表

❷ 執行「移除超連結」指令

選取超連結儲存格

當儲存格中設定有超連結後，如果直接以滑鼠點選該儲存格即會進行超連結，造成無法選取該儲存格為作用儲存格。解決的方法就是將游標移到該儲存格上，按下滑鼠左鍵後不放持續約兩秒鐘的時間，這時候滑鼠游標狀態即會由「手掌狀」變成選取的「十字狀」，即完成選取儲存格的工作，如下圖所示：

書號	書名	作者		定價	小計
ZL0021	圖解Iphone	陳元明	9	500	4,500
ZL0024	圖解資料結構	朱大慶	10	400	4,000
ZL0027	photoshop範例集	鄭里愛	3	460	1,380
BC0024	Visual Basic輕鬆學	王建宏	2	520	1,040
PG0025	C語言大全	古樂天	3	580	1,740
					-
				總計	12,660

電腦圖書預訂表

按這可以連到出版社

按左鍵兩秒鐘不放，即可選取具有超連結的儲存格

11-1-4　HYPERLINK函數

除了使用Excel提供的超連結功能外，Excel亦提供HYPERLINK函數，來達成超連結的目的，而其超連結的對象可以是網頁上的頁面、電腦中的檔案、同一活頁簿中的其他工作表或儲存格…等，甚至能夠在儲存格中與公式同時進行運算。HYPERLINK函數的語法與使用方式如下：

HYPERLINK函數

■　語法：HYPERLINK(link_location,cell_contents)

■　說明：此函數是用來建立一個捷徑或超連結，用以開啓在網路伺服器、企業內部網路或網際網路上的文件。

引數	說明
link_location	文件連結對象，也就是所要開啓的文件路徑與名稱。
cell_contents	儲存格中顯示的文字。

舉一個例子來說，希望儲存格中的內容顯示爲「博碩文化」，當點選此儲存格時，可以開啓瀏覽器並連結到該網站。其語法如下：

```
HYPERLINK("http://www.drmaster.com.tw/","博碩文化")
```

11-1-5　HYPERLINK函數設定超連結

爲了實際體驗HYPERLINK函數的方便，現在請開啓範例檔「速記法.xlsx」，並跟著下面步驟進行：

▶ step 1

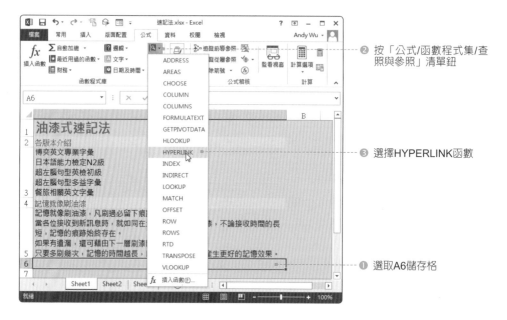

② 按「公式/函數程式集/查照與參照」清單鈕

③ 選擇HYPERLINK函數

① 選取A6儲存格

▶ step 2

① 在此輸入「http://www.zct.com.tw」網址

② 輸入顯示文字

③ 按「確定」鈕完成設定

▶ step 3

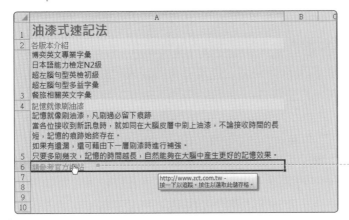

出現具有超連結的文字，點選此儲存格，就可以開啟指定的網頁

▶ step 4

自動開啟瀏覽器並連結到設定的網頁

　　當使用「函數引數」視窗設定參數時，如果在參數內容忘了加註前後引號，系統會自動幫您加上去。不過如果是直接在資料編輯列上輸入函數內容，則必須記得加註引號。

　　如果要連結的對象是電腦中的檔案，例如「C:\web\報告.doc」，那麼函數中的內容可以改用下列語法設定：

```
=HYPERLINK("C:\web\報告.doc ","查看完整報告")
```

11-2　儲存成網頁

當各位使用Excel儲存成網頁格式時，其內容僅能檢視，而無法像在Excel
環境中進行修改與設定。我們可以將整個活頁簿檔案儲存成網頁，也可以將單
一的工作表儲存成網頁，底下我們將分別示範如下：

11-2-1　儲存單一工作表成為網頁

如果只是想要將活頁簿中的某個工作表儲存成網頁，只要於另存新檔視窗
中進行適當的設定即可，現在請開啟「社團報名表.xlsx」，並跟著下面的步驟操
作：

▶ step 1

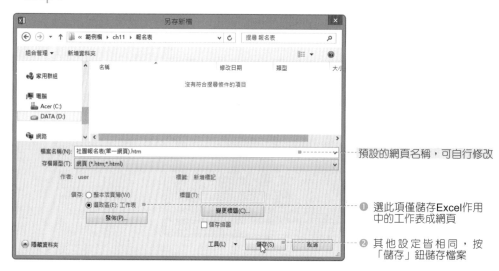

預設的網頁名稱，可自行修改

❶ 選此項僅儲存Excel作用
中的工作表成網頁

❷ 其他設定皆相同，按
「儲存」鈕儲存檔案

▶ step 2

按下「發佈」鈕

▶ step 3

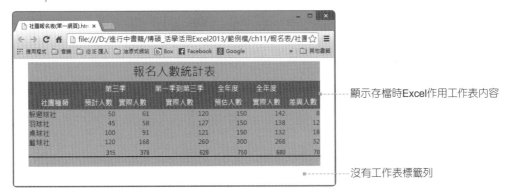

顯示存檔時Excel作用工作表內容

沒有工作表標籤列

11-2-2 儲存活頁簿成為網頁

將 Excel 中整個活頁簿檔案儲存成網頁型態的方法相當簡單，現在請開啟「社團報名表 .xlsx」，並跟著下面的步驟操作，將整個活頁簿中的內容儲存成網頁型態：

▶ step 1

❶ 執行「檔案/另存新檔」指令，開啓「另存新檔」工作視窗

❷ 選擇儲存資料夾

❺ 必要時可修改檔名

❸ 選擇「網頁」檔案類型

❹ 按「變更標題」鈕

▶ step 2

❶ 在此輸入網頁標題「社團報名」

❷ 按「確定」鈕

▶ step 3

❶ 選擇「整本活頁簿」選項，儲存活頁簿中所有的工作表

這裡顯示剛才設定的網頁標題

❷ 按「儲存」鈕

▶ step 4

伴隨網頁建立而產生的
資料夾

執行新建立的網頁檔案

▶ step 5

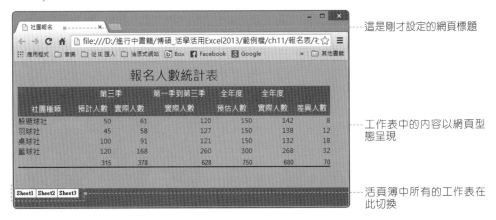

這是剛才設定的網頁標題

工作表中的內容以網頁型
態呈現

活頁簿中所有的工作表在
此切換

▶ step 6

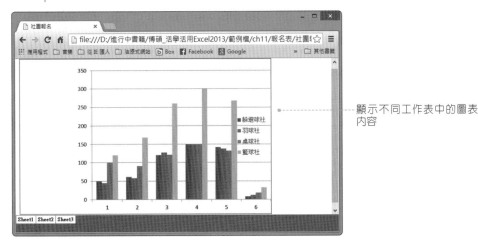

顯示不同工作表中的圖表
內容

　　儲存網頁檔案的資料夾中，除了有一個與檔案名稱相同的網頁檔案外，還有一個「網頁名稱.file」資料夾，裡面包含了工作表中各個對應的網頁內容，以及其他的相關物件，例如圖表、文字方塊、文字藝術師…等。如果要進行網頁複製或搬移時，記得將此資料夾一併處理。

- 資料夾名稱
- 資料夾內組成Excel網頁的相關檔案

11-3　發佈網頁功能

　　除了將活頁簿或工作表內容儲存成網頁型態外，Excel還提供功能更強的網頁發佈功能，不僅可將整個工作表發佈成網頁型態，還能夠將工作表發佈到現有的網頁內容中，或是僅發佈部分的儲存格內容。

11-3-1　發佈到本機或網路芳鄰上

　　由Excel工作表發佈的網頁內容與方式相當多元化，而且還能夠儲存在網路芳鄰上，以提供給區域網路中的使用者參考。接著就來示範如何將工作表發佈到本機或網路芳鄰上，請開啟範例檔「社團報名表.xlsx」，並執行「檔案/另存新檔」指令，以開啟「另存新檔」視窗：

▶ step 1

● 檔案類型為「網頁」鈕

❷ 按「發佈」鈕

▶ step 2

● 按下拉鈕選擇發佈類型

❷ 按「變更」鈕輸入網頁標題「直條圖圖表」

❸ 按「瀏覽」鈕變更網頁發佈的路徑

▶ step 3

● 切換至網頁發佈的路徑

❷ 輸入網頁名稱或使用預設值

❸ 按「確定」鈕

▶ step 4

❶ 每當網頁儲存時，即自動更新網頁內容到設定的路徑中

❷ 勾選此項，網頁發佈時可立即瀏覽

❸ 按「發佈」鈕發佈網頁

▶ step 5

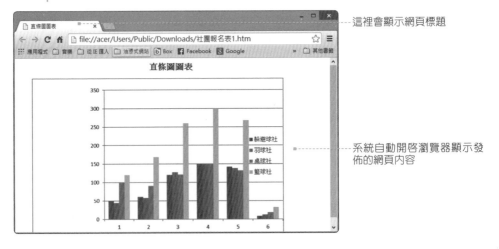

這裡會顯示網頁標題

系統自動開啟瀏覽器顯示發佈的網頁內容

　　在步驟2「發佈為網頁」視窗中，如果於「類型」欄位中選取「儲存格範圍」，則發佈的網頁內容僅包含作用工作表中選取的儲存格範圍。

❶ 選「儲存格範圍」類型，按「發佈」鈕後，網頁中僅會顯示此部分的選取內容

❷ 按「折疊」鈕選取儲存格範圍

11-3-2　發佈到雲端SkyDrive

以Excel發佈功能所建立的網頁不僅能夠儲存於本機電腦或區域網路中，如果您的電腦可以連接到網際網路，而且也擁有位於雲端的網頁儲存空間，那麼我們便能夠直接將內容發佈到雲端的儲存空間。現在請開啟範例檔「社團報名表.xlsx」，並另開啟「另存新檔」視窗：

▶ step 1

選擇檔案儲存路徑或使用最近使用的資料夾

▶ step 2

❶ 輸入檔案名稱

❷ 按「儲存」鈕

接著開啓瀏覽器並連結到剛才設定的網址與網頁，顯示Internet上的網頁內容，如下圖所示即是上傳後的網頁內容。

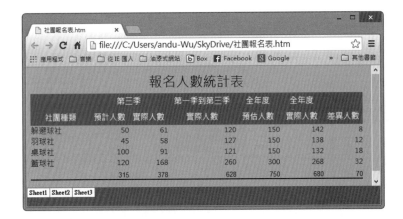

一、是非題

1. (　) Excel發佈功能所建立的網頁只能夠儲存於本機電腦中，無法存到區域網域。

2. (　) 圖片無法設定超連結。

3. (　) 超連結的應用只能用來做為工作表間的連結外，無法用於連結至其它外部網頁上。

4. (　) 若要取消超連結，可於設定超連結的地方按下滑鼠右鍵並執行快顯功能表中的移除超連結指令。

5. (　) 於工作表中匯入外部資料後，無法設定自動更新資料的時間。

6. (　) 執行超連結功能可以讓同一活頁簿內的工作表互相連結外，也可以開啓指定的網頁。

7. (　) 執行「超連結／插入」指令可開插入超連結視窗。

8. (　) 匯入外部資料除了以手動方式來更新資料外，使用者也可以設定於開啓檔案時即自動更新。

9. (　) 超連結的提示文字標籤無法自行設定文字內容。

10.(　) 將文件儲存為一般網頁時，則網頁內部的資料無法使用排序等功能。

二、選擇題

1. (　) 關於超連結的敘述何者正確？

    (A)在工作表中只有儲存格可設定超連結

    (B)圖片物件無法使用超連結功能

    (C)設定超連結後，必須將文件儲存為網頁，超連結才能起作用

    (D)將滑鼠移到設定超連結的地方時，滑鼠會變為手的形狀

2. (　) 下列哪一工具鈕不包含在互動式網頁上的工具列中

    (A)自動加總　　　　　　　　(B)取消復原

    (C)自動篩選　　　　　　　　(D)遞增排序

3. (　) 儲存為互動式網頁的工作表無法執行下列哪一動作？

    (A)合併儲存格　　　　　　　(B)更改儲存格顏色

    (C)超連結功能　　　　　　　(D)插入或刪除欄或列

4. (　) 將活頁簿儲存為一般網頁時，有哪些項目會顯示於網頁上？

(A)圖表 　　　　　　　　　　(B)圖片物件

(C)儲存格內容 　　　　　　　(D)以上皆可

5. (　) 要將網頁資料匯入工作表中必須使用哪一項功能？

(A)新增Web查詢 　　　　　　(B)從網頁匯入

(C)發佈 　　　　　　　　　　(D)以上皆可

6. (　) 工作表內的哪一項目無法顯示在互動式網頁上？

(A)圖表 　　　　　　　　　　(B)樞紐分析表

(C)圖片物件 　　　　　　　　(D)工作表內容

7. (　) 如果想將某一個工作表或圖表變成網頁格式，要使用哪一項功能？

(A)發佈 　　　　　　　　　　(B)儲存檔案

(C)下載 　　　　　　　　　　(D)以上皆是

8. (　) 在「發佈為網頁」視窗中，選擇何種發佈項目即無法加入互動式的功能？

(A)整本活頁簿 　　　　　　　(B)儲存格範圍

(C)單一工作表 　　　　　　　(D)以上皆可加入互動式的功能

三、問答題

1. 請簡單說明，可以設定超連結的對象有哪幾種？

2. 試簡述Excel的發佈功能。

NOTE

12 | 資料庫管理應用

- 新增表單按鈕到快速存取工具列
- 表單新增資料
- 製作自黏標籤
- Word合併列印
- 篩選合併資料

　　不論是哪一種行業，客戶就是最重要的衣食父母，當然客戶服務的工作越貼心，越能維繫和客戶長久的關係，所以客戶的基本資料就要將它建檔成客戶資料庫，不但可以進行篩選、排序、甚至可以和其他軟體結合，應用範圍遠比單一表格來的廣泛。

12-1 建立客戶資料庫

建立客戶資料庫之前，有一些事前的準備工作必須先進行。首先要先製作客戶資料表，接著將客戶資料表標題欄位製作成另一個活頁簿檔案，而且必須確定所有格式都正確無誤後，才開始進行連結的步驟。

12-1-1 新增表單按鈕到快速存取工具列

Microsoft Excel 可針對您的範圍或資料表，自動產生內建的資料表單，所謂資料表單是一種一次可以顯示一筆完整記錄的對話方塊。我們可以透過資料表單來新增、變更、找出及刪除記錄。在資料表單的單一對話方塊中，會將所有欄標題顯示為標籤。每個標籤各有一個相鄰的空白文字方塊，您可以在這些標籤旁的空白文字方塊中輸入各欄的資料，最多可輸入 32 欄。假設儲存格的值是一個公式，則會將該儲存格公式運算的結果顯示在資料表單中，不過，您無法在資料表單變更該儲存格的公式。

如有必要，新增欄標題到範圍或表格中的各欄。Excel 會使用這些欄標題為表單上的各欄位建立標籤。不過，要先確定資料範圍中沒有任何空白行。

若要將「表單」 按鈕 新增至「快速存取工具列」，請執行下列步驟：

▶ step 1

按一下「快速存取工具列」旁邊的箭號，然後按一下「其他命令」。

▶ step 2

❶ 按一下「由此選擇命令」方塊中的「所有命令」

❷ 選取清單中的「表單」按鈕

▶ step 3

❶ 按一下「新增」

❷ 按一下「確定」

▶ step 4

在您要新增表單的範圍或表格中按一下儲存格。按一下「快速存取工具列」上的「表單」

12-1-2　表單新增資料

在Excel工作表中新增資料到資料庫中,其實您還有比較簡易的方法,就是使用表單功能,不但可以新增資料,還可以做資料刪除及搜尋的工作,也是輸入資料時的好幫手。請開啟範例檔「客戶資料庫1.xlsx」。

▶ step 1

執行「表單」指令

▶ step 2

按「新增」鈕

自動顯示第一筆資料

▶ step 3

❷ 按「新增」鈕

❶ 在空白表單中輸入相關資料

❸ 按「關閉」鈕

▶ step 4

客戶資料庫檔案中新增一筆資料

　　表單功能不但可以新增及刪除資料外，還可以搜尋資料庫中特定條件的資料喔！請看以下範例步驟介紹。

▶ step 1

按「準則」鈕

▶ step 2

❶ 輸入「李」找尋姓「李」
　客戶的資料

❷ 按「找下一筆」鈕

▶ step 3

顯示姓「李」的資料

按「刪除」鈕

可按此兩鈕找其他姓「李」的資料

▶ step 4

.... 確定刪除則按「確定」鈕

▶ step 5

.... 減少了一筆資料

12-2 製作自黏標籤

結合 Word 合併列印的功能，擷取 Excel 資料庫中的資料，製作郵寄自粘標籤。

平時我們使用Excel建立一些常用的客戶基本資料在資料庫，等到需要製作郵寄標籤的時候，可以結合Word的合併列印功能，抓取Excel資料庫中的欄位資料，則可輕鬆印製郵寄標籤喔！

12-2-1　設定標籤資料來源

請執行Word程式，並開啟一份空白新文件，執行「合併列印」功能，依據合併列印精靈的指示，設定Excel資料檔為標籤資料來源。

▶ step 1

執行「郵件／啟動合併列印／逐步合併列印精靈」指令

▶ step 2

❶ 選擇「標籤」類型

❷ 按「下一步」

▶ step 3

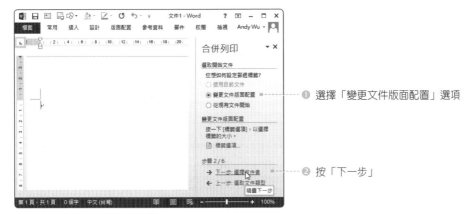

❶ 選擇「變更文件版面配置」選項

❷ 按「下一步」

▶ step 4

❶ 選此標籤樣式

❷ 選此標籤編號

❸ 按「確定」鈕

▶ step 5

按此鈕選擇資料來源

▶ step 6

❶ 選擇「客戶資料庫.xlsx」範例檔

❷ 按「開啟」鈕

▶ step 7

❶ 選此工作表

❷ 按「確定」鈕

▶ step 8

顯示檔案中所有資料

當我們選定好標籤類型後，發現與自粘標籤紙張的大小不符合時，別急著關閉檔案重新執行合併列印功能，您只要按「上一步」到步驟2/6，在合併列印工作窗格中央按下「標籤選項」，則可以重新選取標籤類型喔！

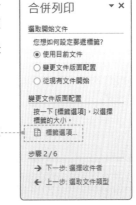

按此項可重新選取···· 標籤類型

12-2-2　安排標籤項目

選擇好資料來源，繼續進行合併列印精靈的工作，接下來要在標籤文件中安排對應的地址及姓名欄位項目，好讓 Word 可以順利找到 Excel 的資料。

▶ step 1

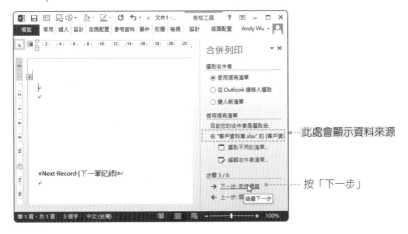

此處會顯示資料來源

按「下一步」

▶ step 2

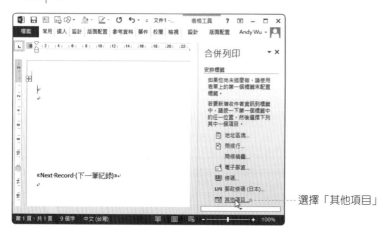

選擇「其他項目」

▶ step 3

❶ 選擇「地址」欄位

❷ 按「插入」鈕

▶ step 4

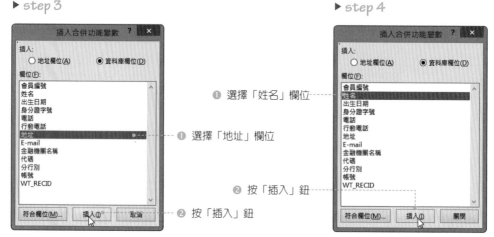

❶ 選擇「姓名」欄位

❷ 按「插入」鈕

▶ step 5

顯示合併欄位項目

按「關閉」鈕

▶ step 6

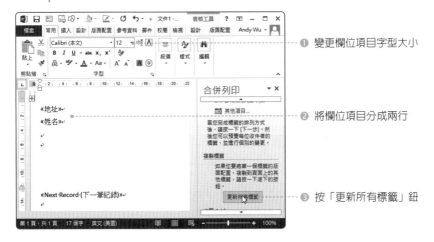

❶ 變更欄位項目字型大小

❷ 將欄位項目分成兩行

❸ 按「更新所有標籤」鈕

▶ step 7

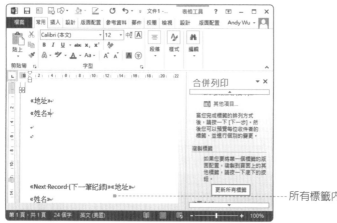

————— 所有標籤內自動變更格式

注意到標籤第二列中自動出現《Next Record》這個英文字詞，這是一個控制指令，讓 Word 自動選擇下一筆資料進行合併，如果少了這個指令，所有的標籤只會合併同一筆資料喔！

12-2-3 列印自黏標籤

完成安排標籤欄位工作之後，最緊張的時刻終於來了，馬上就要展現合併列印的成果囉！您可以將標籤直接列印到印表機，但一般來說，建議先將資料合併到新文件，方便逐一檢視及修改各筆標籤內容。

▶ step 1

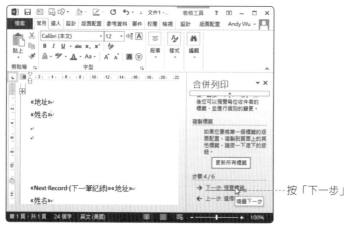

————— 按「下一步」

▶ step 2

按此處可檢視上下筆的資料

可預覽合併後的標籤

按「下一步」

▶ step 3

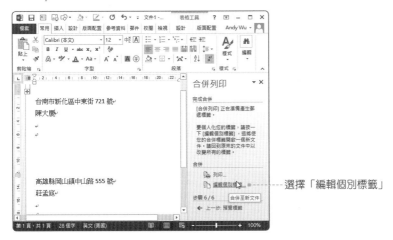

選擇「編輯個別標籤」

▶ step 4

❶ 選擇「全部」資料

❷ 按「確定」鈕

▶ step 5

利用捲動軸可檢視所有已合併的資料

合併成的新文件不妨將它儲存下來，當下次有需求而客戶資料沒有太大變化時，就能夠直接開啓標籤 Word 檔進行編修及列印的工作。

12-3　製作VIP卡

使用合併列印功能一次不只能合併資料庫中所有資料，還能篩選特定條件的資料進行合併。

使用合併列印功能也可以設定篩選條件，只有合併想要的資料內容喔！就如同製作 VIP 卡，可能近一星期只有 1~2 筆新增資料，如果每次都要合併所有資料後，再進行刪減作業，真的太麻煩了。因此，只需要在設定資料來源時，直接篩選想要合併的資料即可。

12-3-1　套用現有文件

上一節介紹使用 Word 空白文件進行合併列印的工作，但是有時候必須套印文字到已經印製好的卡片或是文件上，這時候只要選擇套用現有的文件選項，再遵循合併列印精靈的步驟即可輕鬆完成。請開啓 Word 範例檔「名片 .doc」。

▶ step 1

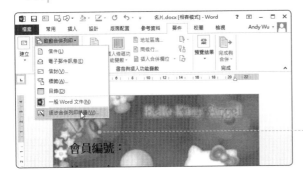

執行「郵件／啟動合併列印／逐
步合併列印精靈」指令

▶ step 2

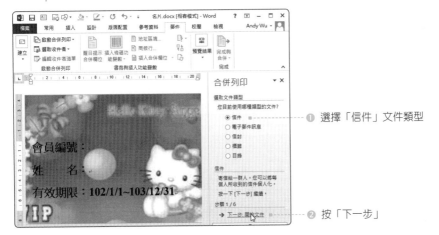

① 選擇「信件」文件類型

② 按「下一步」

▶ step 3

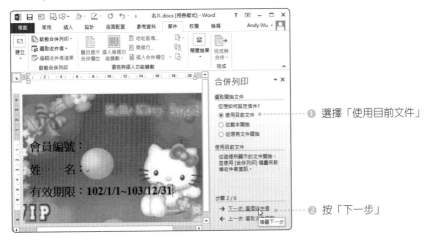

① 選擇「使用目前文件」

② 按「下一步」

▶ step 4

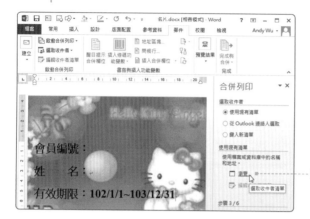

按「瀏覽」選擇資料來源

▶ step 5

❶ 選擇「客戶資料庫new.xlsx」範例檔

❷ 按「開啟」鈕

▶ step 6

❶ 選此工作表

❷ 按「確定」鈕

▶ step 7

按「全部清除」鈕，取消勾選
全部資料

12-3-2 篩選合併資料

VIP會員絕大部分都是不定時加入會員制度中，因此必須在客戶資料庫
中，篩選新增且尚未發給VIP卡的會員資料，來進行製作VIP卡的工作。只要
在瀏覽合併資料來源時，進行篩選資料設定，並勾選符合這些條件的名單即可。

▶ step 1

❶ 按會員編號旁下拉式清單鈕

❷ 選擇「進階」

▶ step 2

輸入篩選的條件如圖示

▶ step 3

❶ 勾選全部參加合併的資料

❷ 按「確定」鈕

▶ step 4

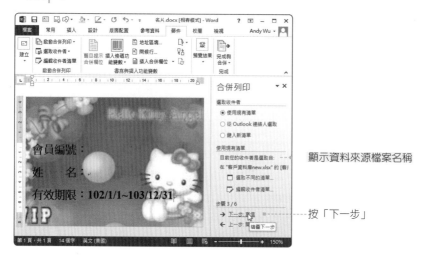

顯示資料來源檔案名稱

按「下一步」

▶ step 5

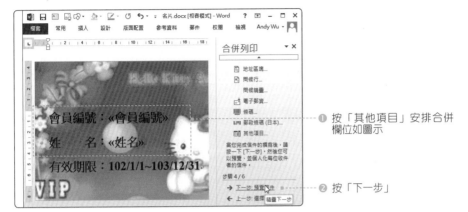

❶ 按「其他項目」安排合併欄位如圖示

❷ 按「下一步」

▶ step 6

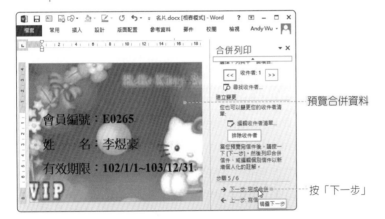

預覽合併資料

按「下一步」

▶ step 7

完成合併文件後，按下「編輯個別信件」，並選擇合併全部紀錄，就可以出現下圖視窗

▶ step 8

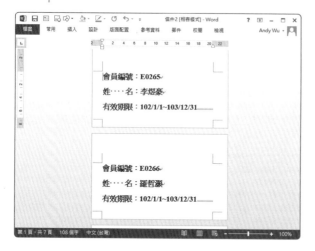

　　練習本節範例時您會發現爲什麼背景圖片會不規則重複呢？因爲這是Word
插入背景的功能，就像Excel插入背景一樣，會隨著檢視比例的不同而忽大忽
小，甚至列印時還會消失不見。其實背景圖片只是參考用的底圖，讓您方便編
輯文件，這樣能夠準確的套印在已經印製完成的卡片上喔！

　　Word中還有「信封與標籤」功能可以印製大量的信封和標籤，但是此項功
能的資料來源主要是Outlook軟體的通訊錄，如果您想使用Excel作爲主要資料
來源，還是需要使用「合併列印」的功能，在合併列印精靈步驟「1/6」時，選
擇「信封」選項。特別注意的是，若要套用現有信封，務必在步驟「2/6」時，
設定正確的信封選項，否則很容易出現套印錯誤的情況。

一、實作題

1. 請開啟練習檔「邀請卡.xlsx」，運用邀請名單資料檔，依序完成「邀請卡」合併列印工作。

   (1) 請開啟Word文件檔「邀請卡.docx」，運用邀請名單資料檔，製作合併列印文件檔。注意！請勿合併空白資料。

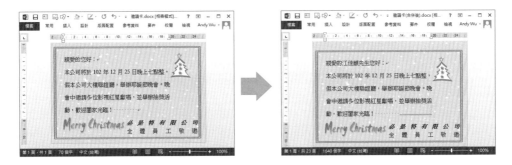

2. 請開啟一空白的Word文件檔，使用練習檔「邀請卡.xlsx」的名單，列印邀請卡郵寄標籤。郵寄標籤需依地址分成本地(高雄市)及外埠(其他縣市)兩類分別存檔。

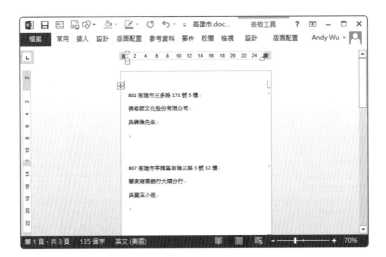

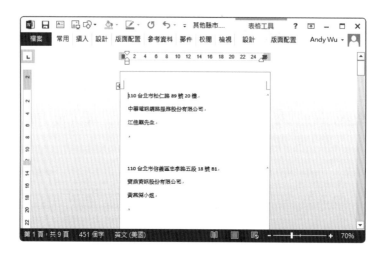